环境与健康系列

空调使用
与健康防护

中国疾病预防控制中心环境与健康相关产品安全所　组织编写

潘力军　张　伟　主　编

U0386468

人民卫生出版社
·北　京·

图书在版编目(CIP)数据

空调使用与健康防护 / 中国疾病预防控制中心环境与健康相关产品安全所组织编写 . —— 北京:人民卫生出版社,2021.6

(环境与健康系列)

ISBN 978-7-117-31707-8

Ⅰ.①空… Ⅱ.①中… Ⅲ.①空气调节器 – 关系 – 健康 – 基本知识 Ⅳ.①TM925.12

中国版本图书馆 CIP 数据核字(2021)第 104984 号

人卫智网	www.ipmph.com	医学教育、学术、考试、健康,购书智慧智能综合服务平台
人卫官网	www.pmph.com	人卫官方资讯发布平台

环境与健康系列

空调使用与健康防护

Huanjing yu Jiankang Xilie

Kongtiao Shiyong yu Jiankang Fanghu

组织编写:中国疾病预防控制中心环境与健康相关产品安全所
出版发行:人民卫生出版社(中继线 010-59780011)
地　　址:北京市朝阳区潘家园南里 19 号
邮　　编:100021
E－mail:pmph @ pmph.com
购书热线:010-59787592　010-59787584　010-65264830
印　　刷:人卫印务(北京)有限公司
经　　销:新华书店
开　　本:889×1194　1/32　**印张**:4
字　　数:71 千字
版　　次:2021 年 6 月第 1 版
印　　次:2021 年 8 月第 1 次印刷
标准书号:ISBN 978-7-117-31707-8
定　　价:28.00 元

打击盗版举报电话:**010-59787491**　**E-mail:WQ @ pmph.com**
质量问题联系电话:**010-59787234**　**E-mail:zhiliang @ pmph.com**

《环境与健康系列——空调使用与健康防护》

编写委员会

主 编

潘力军　张　伟

副主编

张宇晶　刘　瑶

编　委（按姓氏笔画排序）

于　博　　中国疾病预防控制中心环境与健康相关产品安全所

王　姣　　中国疾病预防控制中心环境与健康相关产品安全所

王　裕　　中国疾病预防控制中心环境与健康相关产品安全所

王晓晨　　中国疾病预防控制中心环境与健康相关产品安全所

叶　丹　　中国疾病预防控制中心环境与健康相关产品安全所

吕　洁　　中国疾病预防控制中心环境与健康相关产品安全所

刘　瑶　　中国疾病预防控制中心公卫处

刘思然　　中国疾病预防控制中心环境与健康相关产品安全所

闫　旭　　中国疾病预防控制中心环境与健康相关产品安全所

孙宗科　　中国疾病预防控制中心环境与健康相关产品安全所

李竟榕　　中国疾病预防控制中心环境与健康相关产品安全所

杨文静　中国疾病预防控制中心环境与健康相关产品安全所

杨正雄　中国疾病预防控制中心环境与健康相关产品安全所

张　伟　中国疾病预防控制中心环境与健康相关产品安全所

张宇晶　中国疾病预防控制中心环境与健康相关产品安全所

陈　钰　中国疾病预防控制中心学术出版处

周宇华　喀什地区疾病预防控制中心

赵康峰　中国疾病预防控制中心环境与健康相关产品安全所

唐剑辉　黑龙江省疾病预防控制中心

黄　佳　新疆维吾尔自治区疾病预防控制中心

崔秀青　湖北省疾病预防控制中心

崔亮亮　济南市疾病预防控制中心

董晓杰　中国疾病预防控制中心环境与健康相关产品安全所

韩　旭　中国疾病预防控制中心环境与健康相关产品安全所

鲁　波　中国疾病预防控制中心环境与健康相关产品安全所

谢曙光　湖北省疾病预防控制中心

廖　岩　中国疾病预防控制中心环境与健康相关产品安全所

潘力军　中国疾病预防控制中心环境与健康相关产品安全所

前言

　　炎炎夏日从古至今都是人类必须面对的,古人如何度过? 早在先秦时各诸侯国君开始储冰,《诗经·七月》中记载"二之日凿冰冲冲,三之日纳于凌阴",讲述的就是夏历十二月凿取冰块,正月将冰块藏入冰窖。到了唐朝,长安城比较有钱的人家也都纷纷建起了自家的"空调房",在唐代称为"含凉殿"。殿内有类似风扇模样的"扇车",相当于今天的空调扇,依靠水能,利用水的动力从而转动扇叶。到了清朝,康熙皇帝也难堪酷暑,每年大约有半年时间在避暑山庄。今天的人们无疑是幸福的,空调在 20 世纪诞生,随着被推广,普通人也可以享受到它带来的清凉。

　　但是,在我们享受清凉的同时,"空调病"这个新疾病也随之诞生了。"空调病"到底是什么病呢? 空调的历史还不到 200 年,我们对它的认识还不够,1976年的"军团菌病"事件让我们认识到,它可能还是传播病菌的"帮手"。2019 年末的新冠肺炎疫情,又一次让我们认识到了正确使用空调的重要性。空调——这个新朋友身上还有许多未知的秘密,您知道这几年最时髦的变频空调是怎么回事吗? 夏季开启车载空调时,为什么会有异味? 在呼吸道传染病流行期间,空调到底该不该开?

本书讲解了空调的历史以及空调的常见分类(家用分体式空调、家用中央空调和车载空调);我们面对空调的各种新功能,如何选择和使用;空调和人体健康息息相关,"空调病"和军团菌病如何防范;使用空调时如何清洗消毒等。书中针对公众空调日常使用过程中最容易碰到的问题,深入浅出地进行了解答,快跟随笔者的脚步,探索空调这个新朋友吧!

编者

2021 年 5 月

目录

一、基础知识

（一）空调知识

1. 空调的发展史——国际篇（一）

公元前 1000 年左右,波斯人发明了一种古老的空气调节系统,利用装在屋顶的风杆,将室外的自然风穿过凉水并吹入室内,令室内的人感到凉快。

1902 年 7 月 17 日,威利斯·哈维兰·开利博士为美国纽约布鲁克林的一家印刷厂设计了全球公认的第一套科学空调系统。空调行业将这视为空调业诞生的标志。

关于第一台空调的诞生还有一个故事:传说在 1902 年夏天,天气又湿又热,纸张变形、油墨不干、不稳定的温度和湿度导致印刷厂的印刷质量显著下降。降温不难,可该如何降低湿度呢? 苦苦思索数日后,开利博士在等班车时受到车喷出的雾气遇冷凝结成水珠的启发,如果把空气温度降低到足够低,湿度饱和凝结出水再集中排出,那么空气的湿度就降低了。不久,一台由电力驱动的"空气处理仪"就发明成功了。

1911 年,开利博士提出了"温湿度基本原理",后来形成了"焓湿图",成为目前空调和空气处理方案设计的计算依据。

1922 年,开利博士研发出空调史上里程碑地位的产品——离心式空调机,因为其效率高,为大空间的空气调节打开了大门,人类才逐渐成为空调的服务对象。在此之前,空调一直用于为机器降温。

1928 年,开利公司推出了第一代家用空调,售价1000 美元。因其高昂的价格,空调前期都是为军方和政府服务,直到 20 世纪 50 年代,美国经济腾飞,家用空调才真正进入寻常百姓家。

1952 年,开利公司研制出第一套用于家庭的中央空调系统。

1962 年,麦克维尔公司首先研制出正压冷水机组,为美国环保局政策制定提供了基础。

1972 年,日立公司生产出世界上首台双螺杆制冷压缩机,开始生产螺杆式冷冻机。

1975 年,麦克维尔公司首先推出超过 110 冷吨的活塞式冷水机组。

1981 年,特灵公司开发出新型的高效三级压缩冷水机。

1982 年,开利公司推出第一台用于商业,采用太空金属钛(TITANIUM)传热管的离心式制冷机组,完全解决了管道遭受腐蚀的难题。

1985 年，开利公司发明了一种电子膨胀阀，改善了冷水机组性能，调节精确，减少了不必要的过热度，提高部分负荷效率。

1994 年，开利公司成为唯一在离心式制冷机组中应用膨胀透平技术代替常规节流的制造商，既消除节流损失，也回收机械功，大大降低了机组耗电量，此项发明取得专利，并获得当年美国能源部环保节能奖。

2. 空调的发展史——国际篇（二）

空调技术在美国起步以后，其他国家也开始研究空调技术，其中以日本最为突出。

20 世纪 60 年代，日本发明了燃气空调。燃气空调是以燃气为能源的空调设备，与电力空调相比，具有功能全、设备利用率高、综合投资节省、环保节能等优势；制冷剂为溴化锂的水溶液，价格低廉且对环境无害。大量使用燃气空调有助于改善供电紧张状况；电力成本降低和稳定的供电能力均可带来显著的经济效益和社会效益。

20 世纪 60 年代末,日本从政府到民间一致推动燃气空调的发展。大约用了 10 年时间,燃气空调占据了日本中央空调市场的 85% 左右。

20 世纪 80 年代初,变频空调技术在日本开始运用。

1982 年,日本生产了第一台交流变频空调。变频空调是在普通空调的基础上选用变频专用压缩机,增加了变频控制系统的空调。它可以根据房间情况自动调节所需的冷(热)量,当室内温度达到期望值后,空调主机则以能够准确维持这一温度的恒定速度运转,实现"不停机运转",从而保证环境温度的稳定。

1982 年,日本大金公司生产出世界上第一台多联机空调系统(简称 VRV 系统),开创了楼宇中央空调新时代。

1985 年,日本大金公司研制出变频 VRV 系统,在全球掀起了变频浪潮。

1998 年,变频空调技术取得了重大突破,日本研制出了直流变频技术。直流变频空调性能比交流变频空调更加优异,此后,直流变频空调迅速成为现代空调的主流。

1999 年,开利公司与日本东芝公司建立全球策略联盟,发挥双方的技术优势,进行家用及商用空调产品的技术研究和新产品的开发。

3. 空调的发展史——国内篇

1924 年建成的坐落于上海延安西路 164 号的嘉道理大理石大厦（现中国福利会少年宫），使用了美国约克公司氨立式 2 缸和 4 缸活塞式冷水机组，成为我国第一个安装中央空调的商用建筑。

1936 年，南京新都大剧院安装了美国约克公司的制冷机组，建成了我国影剧院中第一台采用氟利昂制冷剂的中央空调系统。

1937 年，在上海外滩建成的中国银行大楼（17 层钢框架结构）采用了美国开利公司提供的主机，空调制冷量为 15 647kW。

1950 年，我国暖通技术开始萌芽。中华人民共和国成立后，随着大规模经济建设的开始，暖通空调技术迅速发展。在第一个五年计划期间,苏联援建156项工程,也带来了苏联的采暖通风与空调技术和设备。

1954年,我国造出了第一台制冷机(溴化锂吸收式)。

1954年,哈尔滨空调器厂试制成功我国石油化工工业的第一台空气冷却器产品,填补了国内空白。

20世纪50年代,我国开始生产家用空调器,当时主要参考国外样品进行试制,60、70年代开始形成小批量生产能力。

1960年,组合式空调机组功能逐步完善。

1963年,我国开始研究蒸发冷却技术的应用。蒸发冷却技术是利用水蒸发效应来冷却空调用的空气,将蒸发冷却技术作为自然冷源替代人工冷源。1963年,徐邦裕教授在"国外空调制冷发展动态"论文中介绍了填料层蒸发冷却技术。

1965年,国内第一台热泵型窗式空调、第一台水源热泵空调机面世。相对全球热泵技术的发展,我国热泵的研究工作起步晚20～30年。

1965年,洁净空调起步。蚌埠净化设备厂与冶金部建筑科学研究院差不多在同一时期研制出了由超细玻璃纤维制成的高效空气过滤器(HEPA),几乎与日本同步研制成功。

20世纪70年代,风机盘管机组开始研制和生产。风机盘管机组是空气－水空调系统常用末端设备,宾馆客房均采用其供冷或供暖。1972年,由于北京饭店工程的需要,在借鉴国外产品性能的基础上,中国建筑科学研究院空气调节研究所和北京空调器厂共同研制开发了风机盘管机组,并在北京饭店客房使用,取得了较好的效果。

1971年,一汽集团生产的各种型号的红旗牌高级轿车全部安装了空调装置。

1974年,春兰集团研制出窗式空调器。

1980年,上海冷气机厂为上海工艺美术服务部设计了国内第一套空气–水热泵空调系统。

1985年,海尔集团生产出我国第一台分体式空调器,美的集团正式进入空调行业。

1987年,春兰集团研发出柜式空调。

1998年,海尔集团率先推出国内首台直流变频空调。

2000年左右,随着国家对能源可持续发展的重视以及变频技术的应用日益广泛,中国空调市场开始出现越来越多的变频空调。

2008年9月1日,国内变频空调能效标准正式实施。同一天美的电器推出5大系列10多款180度正弦波直流变频空调,将直流变频技术确立为变频空调的基础配置。至此,家用空调产业正式进入全民变频时代。

4.什么是空调

空调,又叫空气调节器(air conditioning),是对室内空气的温度、湿度、流动速度及清洁度进行人工调节的系统,从而让人们能够在适宜的温度、湿度空间内进行生产、生活。

那么空调采用了什么原理进行温度和湿度的调节呢?

空调分为单冷空调和冷暖两用空调,工作原理是一样的,以前的空调大多使用的制冷剂是氟利昂。氟利昂的特性是由气态变为液态时,释放大量的热量;而由液态转变为气态时,会吸收大量的热量,即先汽化吸热再液化放热,空调就是据此原理而设计的。

压缩机将气态的制冷剂压缩为高温高压的气态制冷剂,然后送到冷凝器(室外机)散热后成为常温高压的液态制冷剂,所以室外机吹出来的是热风。液态制冷剂由毛细管进入蒸发器(室内机),由于制冷剂从毛细管到达蒸发器后空间突然增大,压力减小,液态的制冷剂就会汽化,变成气态低温的制冷剂,从而吸收大量的热量,蒸发器就会变冷,室内机的风扇将室内的空气从蒸发器中吹过,所以室内机吹出来的就是冷风;空气中的水蒸气遇到冷的蒸发器后就会凝结成水滴,顺着水管流出去,这就是空调会出水的原因。

制热的时候有一个叫四通阀的部件,使制冷剂在冷凝器和蒸发器的流动方向与制冷时相反,所以制热的时候室外机吹的是冷风,室内机吹的是热风。

环保型空调的工作原理是用循环水泵不间断地把水箱内的水抽出,并通过布水系统均匀地喷淋在蒸发过滤层上,室外热空气进入蒸发降温介质,在蒸发降温介质内与水充分进行热量交换,因水蒸发吸热而降温的清凉、洁净的空气由低噪声风机加压送入室内,使室内的热空气排到室外,从而达到室内降温目的。

5.空调都有哪些种类

空调系统一般可按照设备设置情况、室内负荷介质、空气处理方式、服务对象、风量调节方式、风道风速、风道设置等进行分类,具体如图1所示。

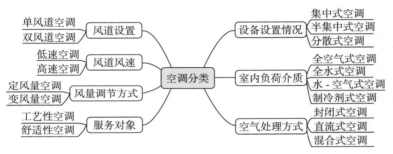

图1 空调系统分类

下面具体介绍日常生活中常见的典型空调系统及其适用范围。

空调一般可分为分体式空调和中央空调,常见的还有车载空调。中央空调系统,指所有空气处理设备集中在空调机房内,将空气集中处理后送至使用场所的空调系统,适用于大面积、大空间的场所,如体育馆、影剧院、会展中心、机场、候车厅、地铁站厅、大型厂房、洁净室、大型超市、商场、KTV、高档写字楼等。分体式空调系统,将空调设备直接或就近安装在房间内或邻近区域。一般为制冷剂式空调系统,空气处理方式多为封闭式,包括窗式、壁挂式和柜式空调等,适用于家庭、机房、小型办公室等。

　　由于经济发展水平、气候等因素不同,人们对空调调节能力的需求各不相同,因此市面上也有单冷空调(仅具备制冷功能)和冷暖空调(可以制冷也可以制暖)等不同类型的空调。

　　由于人们对健康、舒适度的要求越来越高,空调不再局限于降温,越来越多的空调厂家研发了新型的技术以满足人们的需求,如今市场上常见的新型空调包括静音空调、智能空调、带自动清洁功能的空调、可独立除湿的空调、圆柱式空调、全直流变频空调等。

　　那么,在选购空调时,除了外观以及功能,人们比较关注的还有哪些方面呢?

　　首先是制冷/暖效果。简单来说,制冷/暖效果可以从空调的匹数来区分,1匹、大1匹、1.5匹、大1.5匹、2匹等空调所能制冷/暖的房屋面积是不同的,人们可以根据不同的居室面积选择相应匹数的空调。

　　其次是耗电量,也就是空调上标注的能耗等级。空调能效的损耗根据不同的空调能耗等级而不同,一般的空调能耗等级分为一级能效、二级能效、三级能效等,数字越小,能耗越少。

(二)家用分体式空调

6. 什么是分体式空调

　　自1902年第一台空调发明以来,这种能使人们得到冬暖夏凉美妙感受的神奇机器已经成为大多数家庭不可或缺的舒适设备。随着技术的不断进步,现在的家庭空调领域已经逐步发展成分体式空调与中央空调两大类别。其中,分体式空调由于进入市场较早,为广大消费者所熟知。

人们家庭中常见的"壁挂式"空调就是分体式空调的一种。简单来说,分体式空调由室内机和室外机组成,室内机可以安装在室内如客厅、卧室等,通过管路和电线与一台室外机相连接,对应的室外机一般安装在该房间的外面,利用钢架或专门的室外机平台固定在楼体外侧。

20世纪90年代初期,分体式空调逐步进入住宅并迅速普及,据业内人士估计,分体式空调占家用空调80%以上。人们常见的分体式空调室内机有壁挂式、立柜式、吊顶式、嵌入式、落地式。90年代末期,由于住房面积和居室的增加,人们根据空调不同的外观、功能,结合自己的居室面积选择适合的室内机。

分体式空调性能可靠,安装机动灵活,价格不贵,由于压缩机在室外机处,室内噪声一般可达30dB(A),有效减少了噪声对人体健康的影响,使得居住环境更安静,深受人们喜爱。由于分体式空调具有灵活性、适用性、经济性的显著特点,对经济和使用要求一般的用户群体,仍然有很强的吸引力,在相当长的时期内,仍将是家用空调的主体。

7. 什么是匹

人们在选购空调时经常会被售货员问:"您是要几匹的空调啊?"那么到底什么是"匹"呢?

空调的"匹"(P)实际上指的是输入功率,但因不同品牌内部电机差异,如今匹数多指空调的制冷量大小,是一个约定俗成的叫法。

空调机的匹数通常是指制冷量,比如小 1 匹机制冷量是 2300W,正 1 匹制冷量是 2500W,大 1 匹是 2600W。制冷量 = 房间面积 × (140~180) W,制热量 = 房间面积 × (180~240) W。也就是说,1 匹的空调可提供的制冷 / 热量约为 2324W,按照每平方米配 150~220W 估算,1 匹的空调制热面积为 10~11m^2,制冷面积为 12~17m^2。

简单理解,空调的匹数越大,制冷 / 热面积越大。在选购空调时可以按照居室的面积选择适当匹数的空调,不要在过大的屋子里使用匹数过小的空调,以免达不到制冷 / 热效果,造成能源浪费;也不要在过小的屋子里使用匹数过大的空调,这样容易使室内温度过冷或过热,造成人体不适。

8. 空调型号的秘密

您是否有过这样的经历:在维修空调或是进行售后服务的时候,客服会首先询问您空调的型号? 而当我们报上空调型号后,维修工人或客服往往一听到型号上的几个字母,就能判断出您家空调到底是什么样式的。那么他们是怎么做到的呢?

一般空调的型号中包括了空调的型式、名义制冷量等代号。以国产"KFR-35GW"为例,前三个字母"KFR"中的"K"表示房间空调器;第二个字母"F"表示空调的结构,如"F"表示分体式空调,"C"表示窗式空调;第三个字母"R"表示空调的功能代号,如"R"表示热泵型冷暖空调,"D"表示电热型冷暖空调,"RD"表示热泵辅助电热型冷暖空调。横杠后面的数字表示该空调名义制冷量的前两位,如"35"表示该空调的名义制冷量为3500W。数字后的字母是分体式空调的结构代号,如"G"是挂壁式,"D"是吊顶式,"L"是落地式,"Q"是嵌入式,"T"是台式。最末位的字母"W"是空调室外机的电代号,例如"KFR-35GW"表示挂壁电式热泵型冷暖空调,名义制冷量为3500W;"KC-20"表示窗式单冷型空调器,名义制冷量为2000W。

弄明白了空调型号的秘密,我们就可以轻松地根据空调型号判断空调的样式和冷暖类型啦!

9. 什么是新型空调

随着经济的发展,人们越来越重视空调的使用对人体健康的影响。随着消费者健康意识的提高,企业纷纷从健康入手,推出了很多新型空调,如圆柱式空调、高能效空调,以及带有新风、除菌功能等健康模块的空调。

为了能更快地给居室降温,近年来推出了圆柱式空调。这种柜机呈圆柱体,可以设计成360°送风,降温时间更短。圆柱式空调占地面积小,节省占地空间近50%。它的纵向送风口可达1~2m,配合上下导风叶片,上下左右全范围自动扫风,定格送风,送风范围更广。但圆柱式空调也有一些缺点,其价格较为昂贵。由于圆柱形柜机是后面进风,一旦窗帘在圆柱形柜机后面会导致空调开机时窗帘吸附到进风口上,导致内机送风不畅通引起保护或者效果差。这就要求人们在选择圆柱式空调时要考虑到自己的经济能力,以及在居室内的摆放位置,以免造成人身伤害。

根据空调生产厂家的宣传,目前市面上出现了越来越多的新型空调,如双向流换气技术的家用空调,可以将室内高浓度的二氧化碳、甲醛、异味排出,引入室外富氧新风,真正通过空气的内外循环让空气动起来,通过空调的一呼一吸,让室内空间充满新鲜空气。

再如使用全热交换技术的空调,可以在室内外空气循环过程中,通过全热交换芯进行无融合热接触,使新风接近室内温度,保持室温稳定,舒适节能,避免因冷热不均导致室内温度波动。

还有使用混合送风技术的空调,突破性地将新风与空调吹风融合,通过混合送风设计让新风随空调风吹得更远,防止新风"回路",使新风循环更彻底。

此外,诸如采用 PM$_{2.5}$ 过滤网过滤空气中颗粒直径为 0.3～10 μm 的污染物、采用 56℃以上温度烘干技术达到除菌抑菌目的、采用纳米净离子模块等功能的空调,以及方便拆洗、操作简单、用户能单独完成拆洗装全步骤的空调,逐渐成为市场上主流的新型空调。

10. 应该选择几级能效的空调

空调是耗电产品,这里说的能耗并不仅指"电费"那么简单,还包括由于供电而消耗的煤炭等能源。空调能效比是指空调器的制冷量或制热量与空调器输入功率的比值,反映空调器的节能水平,简而言之就是能效比越高越省电。空调的能效等级分为一级能效、二级能效、三级能效等。与之相对应的,空调能效比在 3.4 以上为一级,3.2～3.4 为二级,3.0～3.2 为三级,2.8～3.0 为四级,2.6～2.8 为五级,一级最节能,五级能效最低。

目前我国家用空调能效比大多在 3.0～3.4,家用空调年耗电量已逾 400 亿千瓦时。即使只将现有空调的能效比提高 10%,全国每年至少也可节省 37 亿千瓦时的电量,相当于一个中等省份城镇居民全年的用电量。

那么在选择空调时,是不是一级能效空调比二级能效空调耗电低呢?专家指出,二级能效是一个"临界点",因此家庭使用哪级能效比的空调更节能、更实惠,还要根据家庭使用习惯来换算,如果家庭使用空调的时间并不长,无需选择能效比最高的产品。

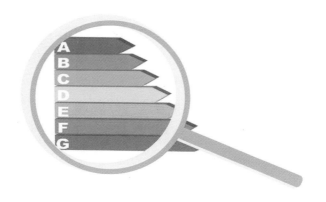

11. 该不该选择全直流变频空调

变频空调是压缩机运行频率可以调节的空调机,运行频率高时,运转速度快,制冷、制热量大;运行频率低时,运转速度慢,制冷、制热量小。变频机分为直流变频和交流变频两种,其中交流变频空调的压缩机电机和风机电机均采用交流电机。直流变频空调又分为 1D 和 3D 两种,1D 直流变频空调仅压缩机采用直流无刷电机,风扇采用交流电机,而 3D 直流变频空调的压缩机电机与风机电机均采用直流电机。目前,大部分厂家宣传的全直流变频空调为 3D 直流变频空调。

变频空调在高频运转时能效比较低,甚至部分产品比定频机都要低,只有在较低频率运行时才能有较高的能效比,而空调的运转频率在通常情况下是根据室温与设定温度之间的差距来调节,差距大则高频运行,差距小则低频运行。

变频空调并不适用于所有状况和所有类型的房间。例如,当客厅面积较大且人较多,进进出出的人次数也多,房间的密封性不好时,需要运行在较低频率才能省电的变频空调往往因为这些原因而无法使室温稳定在设定温度附近,必需在较高频率运行,无法达到省电的目的。总的说来,适合使用变频空调的房间要有良好的密封性,且不会有人为因素而导致的温度频繁波动。

12. 智能空调到底有多"智能"

家用电器朝着智能化自动化方向发展,空调也不例外。空调智能控制系统的功能大致可以总结为两大功能,一是对空气有净化调节功能;二是对室内温度有调节功能。其中对空气进行净化调节,一般是利用空调中的过滤器吸附空气中的杂质,进而提高空气的洁净程度,因此过滤器的选择决定了空气的洁净程度。而对室内温度进行调节是利用程序控制,将空调中的测量温度与目标温度之间的差值控制在一个极小的范围内,进而实现温度调节。

随着科技的发展,空调的智能化研究与开发已经成为了生产企业的发展重点。目前市场上智能空调产品主要特点包括：

（1）室内污染物的净化功能：主要针对室内环境中的化学性污染物。

（2）舒适健康的送风模式：可以有效避免长期使用空调而引起感冒、头痛等健康问题。

（3）个性化定制的环境模式：可根据用户生活情境（如睡眠、运动等）制订个性化环境模式，如微气候调节模式、个性化睡眠模式、静音模式等。

（4）用户状态的智能感知：如将感应元件融入空调设计，使空调能根据人体状态得以实时调节；开创数据图像的传输功能，以满足用户对家用空调更新、更高、更个性化的需求；或根据室内人数及环境质量进行自动调节。

智能空调可以为用户带来舒适健康的室内空气环境，达到既能满足可用性、易用性等交互系统设计的基本要求，又不损害用户的生理、心理或社交方面的健康。此外，智能空调还有利于促进健康行为的改变，如在外出的情境下远程提前开启空调、利用睡眠模式更加符合自己的睡眠习惯而无需每天计算时间，设置定时开启和关闭等。

13. 神奇的空调除湿功能

每年夏天，人们都要经历一段潮湿、闷热的日子，像北京的"桑拿天"、南方的"回南天"都是对这种气候的调侃。如果长期处于这种气候下，人们会感到恶心和不舒服，这时候就要充分利用空调的除湿功能啦！

研究表明，虽然空调调节系统可以有效调节室内微小气候，但由于室内环境新风量不足，总是处在这种环境下的人群经常会有恶心和不舒服的感觉。相对湿度若高于65%，会使人感到胸闷气短，若低于30%，会出现皮肤干燥等症状。

14. 空调的静音功能很重要吗

在寂静的夏夜里，我们有时会因为听到窗外的空调室外机嗡嗡作响而睡不着觉、心情烦躁。

由空调中叶轮高速旋转及管道内风速作用产生的噪声，除对人们正常工作生活有影响外，对身体健康更有极大的危害。噪声对人体最直接的危害是对听觉器官的损害，若长期在噪声环境中听觉灵敏度就会下降；其次，噪声对生理也有影响，对中枢神经造成损害，使大脑皮层的兴奋和抑制平衡失调。此外，长时间接触噪声会使人容易嗜睡，心情烦躁。

因此，使用带静音功能的空调可有效减少空调噪声对人体健康产生的不良影响。

15. 如何正确使用空调的洁静功能保证人体健康

有时候,我们从空调房出去后再次返回时会发现空调房内的空气不是很好,有异味,甚至憋闷。这是由于在使用空调的情况下关闭门窗,连续长时间使用,引起房间空气中二氧化碳浓度升高,空气品质变差。

针对这种情况,利用空调的洁净功能可以有效提高空调房内的空气品质。例如,使用带有全新风功能的洁净空调可有效加大室外新风的补充量,保持室内空气流通。研究表明,在呼吸道传染病流行期间有通风的病房可以降低交叉感染风险。

16. 小小负离子的大作用

生活中我们不难发现,长期处于空调房中生活和工作的人群普遍感到烦闷、昏睡、乏力、头疼、恶心、眩晕,工作效率和健康状况明显下降。有报道称,这种现象与室内空气负离子浓度相关。

最新研究表明,负离子有利于人体健康,可以使头痛感减轻。正离子的作用完全相反,会引起头痛、失眠等一系列不适反应。总是待在空调房的人会出现头昏眼花、精神萎靡等不良反应,其原因是室内负离子浓度较低。

一些厂家在分体式空调上加装负离子发生器装置来净化室内空气。但是,分体式空调上加载的负离子发生器装置,绝大多数都是采用闭合式结构,采用正负电极电晕工艺,产生负离子量并不多,同时也会产生一定量的臭氧。因此,选购有负离子功能的分体式空调时,一是要选择正规厂家生产的合格产品,二是使用空调时注意通风换气。

(三)家用中央空调

17. 什么是家用中央空调

家用中央空调是指多个房间共用一台空调主机,通过管道系统将主机产生的冷/热量输送到每个房间,实现室内空气调节目的的小型化独立空调系统。区别于传统的大型楼宇空调以及家用分体机,家用中央空调将室内空调负荷集中处理,可以有效节约能源,减少环境污染。

18. 家用中央空调都有哪些种类

按照输送介质的不同,常见的家用中央空调可分成风管式系统、冷／热水机组系统和多联机系统。

风管式系统以空气为输送介质,室外机由多台压缩机和一台风冷冷凝器组成,由于其集中制取冷／热风,也可以将新风冷却／加热后与回风混合送入室内,因此能够较好地满足居住舒适、节能和一定的卫生要求。

冷／热水机组系统通常是以水或乙二醇溶液为输送介质。其工作原理是以室外主机产生出空调冷／热水,通过空调管路系统输送至室内的各末端装置,在末端装置处冷／热水与室内空气进行热量交换,产生冷／热风。它是一种集中产生冷／热量,分散处理各房间负荷的空调系统形式。该系统可以对每个空调房间进行单独调节,满足各个房间不同的空调需求,但存在难以引进新风、冷凝水排放较难等问题。

多联机系统制冷剂为冷媒或热媒。制冷剂通过输送管路由室外机送至室内机,通过控制输送管路中制冷剂的流量以及进入各室内机的制冷剂流量,实现对制冷剂进行自动控制以满足不同负荷房间对热湿的要求,多联机系统具有控制精确,制冷、供热速度快,以及节能、舒适、运转平稳的特点。

除了上述几种类型,家用中央空调还有户式燃气空调、水源热泵空调和地源热泵空调等。水、地源热泵空调可以利用天然能源制冷制热,在过渡季节和冬季可以明显节约能源,由于是在地下进行热量交换,减少了空调系统对地上空气的传热及噪声的污染,不向外界排放废气、废水,较为环保。

19. 家用中央空调与分体式空调有什么区别

区别于家用分体机,家用中央空调只有一台室外机,采用主机和室内机分离的安装方式,外机数量少,不仅总体控制了噪声污染,而且节约能源,节约室内空间,保证了宁静的家居环境。

家用中央空调可以实现多种送风方式,能够根据房型的具体情况制订不同的方案,各房间均装有智能控制器,可单独控制,随意启停和调温,同时满足多个房间的温度需求,增强人体的舒适性。

一些家用中央空调能够利用厨房、卫生间的排风补充新风,一定程度上保证了室内空气的新鲜卫生,满足人体对空气的卫生要求,而分体式空调只能简单地制热制冷,没有换气功能。

家用中央空调送风/回风系统根据实际需求可单独设计,每个房间内都有进风口和出风口,风路更科学,气流循环更合理,送风一般更为柔和,室内温度更均匀,可以保持 ±1℃的恒温状态。温度波动小,使居室内空气分布更合理,人体感觉更加自然舒适,使用体验更好,而且克服了传统分体式空调容易出现气流死角,空气气流不均匀的缺点。

家用中央空调与分体式空调相比,缺点是管道系统清洁比较复杂。

20. 如何挑选家用中央空调

首先要选择质量有保障的产品。质量优异和成熟的产品设计是家用中央空调正常运行、营造安全舒适环境的重要保障。

长期处在空调环境中不注意通风,会造成室内空气质量下降,人体会出现头晕、头痛、缺乏食欲等症状。在有条件的情况下,选购家用中央空调时要关注产品是否有加湿、空气过滤及新风功能等,这些功能可以有效地改善室内空气质量。

挑选时注意三项指标:

(1)制冷/热量:空调器进行制冷/热运转单位时间内从密闭空间除去的热量,法定计量单位 W(瓦)。国家标准规定空调实际制冷/热量不应低于额定制冷/热量的 95%。

(2)空调能效比:2500W 空调的能效比标准值为2.65,2500W 以上至 4500W 空调能效比标准值为 2.70。

(3)空调噪声:制冷量在 2500~4500W 的分体式空调器,室内机噪声小于 48dB(A),室外机噪声小于58dB(A)。

21. 家用中央空调使用有哪些注意事项

家用中央空调宜配备单独的新风系统、负离子发生器、空气过滤器等设施。在使用空调时，应定时开窗通风，保证室内空气新鲜。

一般情况下，空调房间内空气环境比较干燥，并且在恒温环境下驻留过长时间易使人体体温调节功能受到损伤，影响健康。建议每天保持一定户外活动时间，充足的户外活动有益于维持人体正常调节功能和免疫功能。

空调温度不可调得过低，室内外环境温差过大，容易引发疾病，并且不要让空调冷风直吹人体，更不要满身大汗直吹空调，以免毛孔突然收缩，受凉导致感冒。

家用中央空调的室内机应设在送风口、回风口皆无阻挡的地方，送风口与对面墙壁要保持一定距离，且尽量在一面墙的居中位置，避免气流分布不均匀。送风口不宜设在卧室床头上方，避免冷风直吹人体。室外机应安置在无阻挡物、便于散热的位置。

研究表明，空调散热片是空调污染的源头，会滋生多种病原菌，容易引发哮喘等多种呼吸道疾病，而且随着空调使用年限增加，这种情况会进一步恶化。因此，一定要及时清洗空调散热片和滤网。

22. 家用中央空调是否可以替代新风

新风可以降低室内污染物的浓度,增加空气的新鲜程度。安装新风机、使用带新风功能的家用中央空调或者开窗通风都可以向室内引入新风。

新风机是通过大流量风机产生高风压,由一侧向室内送风,由另一侧用专门设计的排风风机向室外排出室内气体,在系统内形成新风流动场,从而保证室内空气充分流动。

带有新风功能的家用中央空调安装时应考虑新风量是否足够,同时,引入新风会增加能耗,应考虑热回收和热交换的问题。此外,还应增加过滤装置,减少室外空气中颗粒物和微生物等对室内空气质量的影响。

良好的空气品质不但要求空气清洁,而且还需要合适的温度和湿度,家用中央空调的主要功能是解决室内冷暖的问题,中央空调无法完全满足室内通风的需要。新风系统更多的是解决室内空气质量问题。家用中央空调与新风系统的组合可以满足人们夏天制冷、冬天采暖和呼吸新鲜空气的需求,也更符合人们对舒适家居生活的需求。

23. 什么是公共场所集中空调通风系统

集中空调通风系统,是指所有空气处理设备集中在空调机房内,将空气集中处理后送至使用场所的空调系统,适用于大面积、大空间的场所,如体育馆、影剧院、会展中心、机场、候车厅、地铁站厅、大型厂房、洁净室、大型超市、商场、KTV、高档写字楼等,近些年也应用于一些高档住宅。

24. 公共场所集中空调通风系统有哪些类型

集中空调通风系统一般可按照设备设置情况、室内负荷介质、空气处理方式、服务对象、风量调节方式、风道风速、风道设置等进行分类。

(1)全空气空调系统(all-air air conditioning system): 空气调节区的室内负荷全部由经过加热或冷却处理的空气来负担的空调系统。

(2)风机盘管加新风系统(fan coil system with fresh air):空气和水共同承担空调房间冷、热负荷的系统,除了向房间内送入经处理的室外空气,还在房间内设有以水作介质的末端设备对室内空气进行冷却或加热。

(3)无新风的风机盘管系统(fan coil system without fresh air):风机推动室内空气流动,末端设备对室内空气进行冷却或加热,使室内空气温度降低或升高,以满足人们的舒适性需求。

(4)多联机空调(multi-connected air conditioning system):由一台或数台风冷室外机连接数台不同或相同型式、容量的直接蒸发式室内机构成的单一制冷循环系统,它可以向一个或数个区域直接提供处理后的室内空气。

25. 公共场所集中空调通风系统有哪些特点

集中空调通风系统将空气处理设备和风机等集中安装在空调机房内,将空气集中于机房内进行处理(冷却、去湿、加热、加湿等),通过送风管道、回风管道与空调区域及各空调房间相连,对空气进行集中分配。

常用的集中空调通风系统主要特点包括:

(1)空气处理设备、制冷设备集中布置在机房,热源集中在交换站等区域,便于集中管理和集中监测及控制。

(2)过渡季节可充分利用室外新风,如转为全新风运行方式,可减少制冷机运行时间。

(3)可以对空调区域的温度、湿度和空气清洁度进行精细调节。

(4)使用寿命较长。

(5)几种安装设备的机房面积较大,占用建筑空间大;风管及冷冻水、冷却水管路布置复杂、安装工作量大、施工周期较长。

(6)对于湿负荷、冷负荷、热负荷在不同时段变化较为频繁及变化幅度较大的空调区域,系统运行不经济。

（四）车载空调

26. 什么是车载空调，它的工作特点是什么

车载空调，也被称为汽车空调，主要由电气控制、取暖、制冷、配气四个子系统构成，具有制冷、供暖和通风三种工作模式。使用最多的制冷系统大多采用蒸气压缩式制冷循环，系统硬件主要包括压缩机、冷凝器、贮液干燥器、膨胀阀、蒸发器、散热风扇等。车载空调的基本功能是对车内空气的温度、湿度、流速和清洁度等参数进行调节，使乘员感到舒适；去除风窗玻璃上的雾、霜和冰雪，保证乘员身体健康和行车安全。

与一般的建筑物空调相比，车载空调工作在动态环境中，工作条件差，环境恶劣，隔热难，散热快，并且需要消耗发动机的动力来调节控制汽车内的环境，因而有其独特的工作特点：

（1）车载空调要承受剧烈和频繁的振动和冲击。制冷系统容易发生制冷剂泄漏，所以其各个零部件应有足够的强度和抗振能力，接头牢固并防漏。

（2）空调系统所需的动力来自发动机。轿车、轻型汽车、中小型客车及工程机械，其空调所需动力和驱动汽车动力都来自同一发动机，这种情况下耗油量平均增加了 10%～20%，发动机的输出功率减少了 10%～12%。

（3）车载空调的取暖方式与房间空调完全不同，同时要求汽车的制冷制热能力大。

（4）车载空调结构紧凑、质轻。由于汽车本身的特点，要求车载空调在有限的空间进行安装后，不使汽车增重太多，影响其他性能。

27.怎样评判车载空调质量的好坏

衡量车载空调质量的指标主要有三个，即温度、风速和清洁度。

（1）温度：夏季人体感到最舒适的温度是22～28℃，冬季则是16～18℃。温度低于14℃，人就会感觉到冷，温度越低，越觉得手脚动作僵硬，不能灵活操作。温度超过28℃，人就会觉得燥热，温度越高，越觉得头昏脑涨，精神集中不起来，思维迟钝，容易造成交通事故。温度超过40℃，则称为有害温度，对身体健康会造成损害。另外，人体面部所需的温度比足部略低，即要求"头凉足暖"，温差大约为2℃。

（2）风速：空气流动能促进人体散热，使人感到舒适。通常空气流速在0.2m/s以下为好，并且以低速流动更佳。

（3）清洁度：由于车内空间小，人员密度大，全封闭空间的空气极易产生缺氧和二氧化碳浓度过高；汽车发动机产生的废气、道路上的粉尘等都容易进入车内，影响车内空气质量，严重时会影响乘员身体健康。

28. 车载空调系统如何分类

车载空调系统的分类方法很多,可以按功能、驱动方式、结构形式、送风方式等进行分类。

(1)按功能分类

1)单一功能型,将制冷、供暖、通风系统各自安装、单独操作,互不干涉,多用于大型客车和载货汽车。

2)组合式,制冷、供暖、通风共用鼓风机和风道,在同一控制板上进行控制,工作时可分为冷、暖风分别工作的组合式和冷、暖风同时工作的混合调温式。轿车多用混合调温式。

(2)按驱动方式分类

1)独立式,专用一台发动机驱动压缩机,制冷量大,工作稳定,但成本高,体积及重量大。多用于大、中型客车。

2)非独立式,空调压缩机由汽车发动机驱动,制冷性能受发动机工作影响较大,稳定性差。多用于小型客车和轿车。

(3)按控制方式分类

1)手动式,这类系统不具备车内温度和空气配送自动调节功能,制冷、供暖和风量调节需要使用者按照需求调节,控制电路简单。通常用于普及型轿车和中、大型货车。

2)半自动式,这类系统虽然具备车内温度和空气配送自动调节功能,但制冷、供暖和送风量等部分功能仍然需要使用者调节。通常用于普及型或部分中档轿车。

3)全自动(智能)型,这类系统可自动调节和控制车内温度、风量及空气配送方式,具有完善的保护系统、故障诊断和网络通信功能。目前广泛应用于中、高档轿车和大型豪华客车。

29. 如何正确使用车载空调

首先,在启动车载空调之前,检查车载空调系统的外观,确定没有外观损坏或连线暴露后方可开机运转。

其次,正确使用车载空调按钮。车载空调的控制按钮位于控制面板上,一般以英文缩写形式标出。操作时要清楚车载空调的使用方法和各个按钮的含义，以免因为操作不当引发车载空调故障。

同时，有意识地避免空调频繁启动和关闭。频繁启动和关闭不但会引起车载空调机械部件的磨损，引发机械故障，而且会迅速缩减车载空调各类电器开关的使用寿命，增大发生电器故障的可能性。调节好进风口与出风口的位置，使之处于最佳状态，亦可降低车载空调的启动和关闭次数。暴晒下的汽车先开窗散尽热气，再使用车载空调制冷效果更好。冬天汽车刚启动时，由于发动机水温还较低，马上打开空调会把车里原本就不多的热量吹出去。应先启动发动机预热，等发动机温度指针到中间位置后，再打开暖风空调，同时把空气循环设置为外循环，让车内的冷空气排出车外，等待2～3分钟后，将空气循环再设置为内循环。

再次，要学会适时停止空调。机动车连续行驶时间较长时，应停止使用车载空调。当发动机处于大负荷时，应停止使用车载空调，可避免发动机因动力不足或者负荷过大产生过热现象。另外，在发动机出现过热现象时，不可只顾个人舒适，必须立即停止使用空调，待发动机温度恢复正常时，再考虑重新开启空调。停车前，先关空调，让风机继续运转，有助于管道干燥，减少霉菌繁殖的机会。

最后，与家用空调相比，车载空调工作环境复杂多变，所以需要进行经常性、有规律的检查维护。推荐对管路接头、制冷剂、冷凝器、蒸发器、热力膨胀阀和压缩机等部件每一个季度进行一次检查与维护。对储液干燥器和鼓风机等每三个或者四个季度进行一次检查与维护。

30. 长期使用车载空调会致癌吗

有些网友在网上发表言论称"根据研究,汽车的仪表盘、沙发、空气过滤器会释放苯(闻一闻你车里高温下的塑料味儿),这是一种致癌毒素,暴露其中会导致白血病,大大增加患癌症的风险。"那么,事实果真如此吗?苯在常温下为一种无色、有甜味的透明液体,并具有强烈的芳香气味,是一种碳氢化合物,可燃、有毒,也是一种致癌物质。人体在短时间内吸入高浓度的苯类物质,可出现中枢神经系统麻醉作用,轻者有头晕、头痛、恶心、胸闷、乏力、意识模糊等症状,严重者可致昏迷,甚至呼吸衰竭而死亡。但一般情况下,普通人无法搞清楚自己的车内究竟有没有苯及其含量有多少。专家介绍,真正安全可靠的汽车使用塑料是由聚乙烯为原料制成的,其受热或在高温下不会产生有害气体。但如果有些制造商为了增加塑料的硬度或美观,使用增塑剂或者其他化学原料,就会增加有害气体生成的风险。

中国测试技术研究院室内环境检测站的工作人员曾对两辆中档车进行测试,一辆是刚使用4个月的新车,另一辆汽车已用了 3 年多。两车密闭半小时后,进行首次采样检测。随后车辆继续密闭 2.5 小时后进行第二次采样检测。两次检测车内温度均在 36℃左右。结果显示,在检测的 6 项指标中,苯、二甲苯、甲苯、乙苯、苯乙烯等 5 项全部符合我国《乘用车内空气质量评价指南》,但是两辆车内甲醛含量却超标了,其可能来源于车内座套、头枕、真皮座椅、地胶、油漆等内饰材料。此外,车载空调在使用过程中,如果不及时进行清洁,也和家庭空调一样会滋生微生物,危害人体健康。

因此专家提醒,汽车与家庭住宅一样,需时常通风。在密闭不通风的车体内,有害物质大多由呼吸道进入人体,即"癌从口入"。对于新车,要定期全部开窗彻底通风,而使用一段时间的车则要注意车载空调的清洁,还要养成"开空调之前先打开车窗通风"的好习惯,尤其是在气温比较高的时候。

31. 坐空调车小心别中毒

盛夏的一天,两名乘客坐进了一辆面包车内休息。从上午 11 点多到晚上 8 点多,仍未见这两人出来。当保安前去察看时,发现两个人已僵死在车内座位上。经现场调查,发现汽车门窗紧闭,空调机为开启状态。检测车内空气,一氧化碳浓度高达 250mg/m^3,超出规定日平均最高允许浓度的 82 倍。一氧化碳是一种无色、无味、无刺激性的气体,进入人体后,与血红蛋白结合生成碳氧血红蛋白，使血液携氧能力下降，造成组织缺氧、窒息。中毒者轻则感到恶心、呕吐、头痛、头晕，重则致人死亡。

在汽车行驶过程中，汽油燃烧比较完全，发动机所排出废气的一氧化碳浓度较低。而当发动机处在怠速状态时，汽油燃烧不完全，会产生大量含一氧化碳的废气。汽车停驶时，若仍使用空调，发动机处于怠速状态，一氧化碳会在车内积聚。人在车内睡觉时，由于车窗全部关闭，一氧化碳不能排出，就会在不知不觉中发生一氧化碳中毒。

为防止一氧化碳中毒，要经常检查发动机上的盖子与车厢间的密封是否严密，若发现有向车厢内遗漏废气的现象，应及时进行维修。空调车在停驶时，若仍使用空调，人在其中则不要将车窗全部关闭，应保持车内适当通风，防止一氧化碳浓度过高，尤其不要在车内关窗睡觉。即使在行驶时，也应该经常开窗换气。

32. 酷暑难耐，小心车载空调引起的"空调病"

车载空调的使用，把炎炎夏日里的司乘人员带进了清凉的世界。然而，许多人此时会出现莫名的疲倦、皮肤干燥、不同程度的手足麻木、头痛、咽喉痛、神经痛以及肠胃不适等症状，这些病症就是典型的"空调病"。长时间待在开空调的低温环境中，冷的感觉传递到大脑体温调节中枢，指示皮肤血管收缩，分布在全身的汗腺减少分泌,从而减少热量的散发,保持体温。冷的感觉促使交感神经兴奋,导致腹腔器官血管收缩,胃肠蠕动减弱,从而出现相应症状。专家表示,炎炎盛夏,在车载空调的作用下,车内、外温差极大,致使某些司机一时难以适应这种忽冷忽热的温度变化,容易引起机体抵抗力降低,从而引发感冒。所以应控制车内外的温差。车内外温差宜控制在5℃以内,最大不超过7℃。在这个温度范围内,人体的体温中枢能灵活自如地进行调节。如果温差超过这个极限,人体就难以适应,身体就会出现不适症状。

除此之外,汽车内大都密闭不通风。车载空调使用的时间越长,越容易滋生微生物,使人易患感冒、咽喉炎、肺炎等疾病。同时,一些不良生活习惯也会危害车内人员的健康。如在车内吸烟,烟草中有害物质会被车内坐垫等吸附,然后再慢慢释放,就算是敞着车窗吸烟也无济于事。因此应定期打开车门彻底通风,并保持车载空调的清洁卫生,可以降低车载空调的健康风险。

33. 冬天车内开暖气如何防干燥、防起雾

寒冷冬季,车载空调的暖风功能必不可少。然而冬季气候本身就变得干燥,再加上开暖气,会使车内空气更干燥。干燥的空气还容易产生车内静电,让人感觉很不舒服。对此,车内开空调首先不能将出风口

直接对准人吹,这样容易让皮肤干燥;其次,建议车窗适当开点缝,让空气有一定的流通。车内可以使用车载保湿器,或者可在车内放一块湿毛巾铺在仪表板上。另外,也建议驾驶人冬天使用制热功能时,间隔一段时间把空调开为外循环,让车外的新鲜空气进来,这样才有利于司乘人员身体健康。

虽然车内暖气让人体感觉越发干燥,但是却会让前挡风玻璃模糊起雾。前挡风玻璃模糊会影响驾驶安全,如何巧用车载空调的除雾除霜功能呢?很多驾驶人员都知道按下车窗除雾按钮,冷风就会自动吹向挡风玻璃,可以很快消除车窗上的雾气。但有时会发现,雾气刚除了不久,一会儿就又有了,面对这种反复无常的起雾,驾驶人员又该如何应对呢?这时可以采取开暖风除雾的方式,把空调温度调节按钮转到暖风方向,空调方向按钮转到玻璃出风口,这时暖风就会直接吹向前挡风玻璃,这种除雾的方法不会像前一种方法那么快,一般会持续1~2分钟,但却不会反复起雾,因为暖风会直接将玻璃上的湿气都吹干。

34. 车载空调的清洗方法

当车载空调刚打开还未完全制冷/制热时,吹出来的风会闻到一股类似霉变、烟尘的气味;或者当制冷/制热后,从风口吹出的空气不清新,伴有酸臭味或其他怪味时,均说明您的车载空调必须要清洗了。人长期处在使用不洁车载空调的车内,鼻腔、气管、肺部会感到不适,甚至可能出现咳嗽、胸闷等症状。

（1）空调滤芯清洗、更换

正常情况下,一个原厂空调滤芯的使用寿命为1年或30 000km,如果经常对空调滤芯进行清理,不仅可以保证车内空气清新还能够延长空调滤芯的使用寿命。

清洗空调滤网的第一步是找到空调滤芯（空滤）的位置。因为每一款车型滤网放置的位置不一样,有的空滤放在车的前挡风玻璃下面,也有的放在副驾驶位的手套箱里,不同品牌的车型拆卸方法可能会有些不同,具体可以查看用车手册,也可以咨询汽车4S店。

空滤使用一段时间后,通常都会积攒不少灰尘和脏污,如果太脏建议直接更换。如果不是很脏,可以拿吹风机将空调滤芯由里向外吹干净。同时,安装的时候一定要按安装箭头指示,否则空调滤芯不但不起作用还会将灰尘吹到车内。清洗车载空调滤芯时一定不能用水,只能用气枪或吹风机。

（2）空调管道清洗

空调管道的清洗需购买专用的空调清洗剂,正式清洗前将空调清洗剂摇匀,并将包装内的软管套上,然后将空调的风量开到最大并且调整到外循环模式。但是不要打开空调压缩机（A/C按钮处于关闭状态）。

将已经摇匀的清洗剂对准空调滤芯的位置进行喷射,里面的吸力会将清洗剂吸入,从而进行空调管道的清洗。其中特别要注意的是,清洗剂上面的软管不要靠鼓风机太近,以免被搅进去。

清洗剂喷完后,车主可以让空调系统在外循环模式下再运行十多分钟。熄火后,清洗剂对蒸发器和风道进行清洁后会消泡成为液体,顺排水口流出车外。

如果清洗完空调系统之后依旧有异味,那就意味着蒸发器内部或者空调管路内部有污物了,这种情况的解决办法只能是拆卸清洗空调管路和蒸发器,建议前往4S店或专业维修店。

(3)蒸发器清洗

空调蒸发器的清洗要拆卸空调管路和蒸发器,建议前往专业维修店清洗。

二、空调与健康

（一）空调病

35. 您知道什么是空调病吗

空调病，顾名思义，凡是与空调有关或空调引起的相关疾病，都可称之为"空调病"。空调病指长期处在空调环境中而出现头晕、头痛、食欲缺乏、上呼吸道感染、关节酸痛等一系列身体功能衰退的症状。虽然空调病有很多症状，但每个人的适应能力不同，空调病的主要表现也存在差异。

空调病不是如高血压和糖尿病等传统意义上的疾病，而是一个现代的、社会学诊断的病名。又因为空调病包含一组症状，也被称为"空调综合征"。在国际上，空调病可归属于不良建筑物综合征（sick building syndrome，SBS），现指某些建筑物室内的工作人员新发生的不明原因的一些疾病症状或不适感。当您身处空调房间时，出现呼吸道疾病、肌肉酸痛或感到疲惫，这些症状都可能和空调的不恰当使用有关系。

空调自 20 世纪 70 年代普及后，已成为家庭的必需品。研究显示,2018 年底全国居民空调保有量达到109.3 台 / 百户(城镇居民 142.2 台 / 百户,农村居民65.2 台 / 百户)。现如今,气候变化形势严峻,极端高温和低温天气屡见不鲜,人们使用空调的频率和时间也日益增多。空调给人们带来凉爽的同时,也带来了空调病这些不良反应。因此,了解空调病的始末,预防空调病的产生,对提高人民的健康素养,保障人民群众健康,具有重大意义。

36. 吹空调会引起呼吸道疾病吗

呼吸道是人体健康的防线之一,但也相对薄弱。长时间吹空调,冷气可突破呼吸道防线,空调滋生的病菌可侵入机体,轻则出现鼻塞、流涕、咳嗽、咽痛等感冒类似症状,重则引起肺炎。

很多相应的调查研究显示,吹空调会对呼吸道疾病产生影响。例如:2012 年对深圳市 4 个工厂调查显示,集中空调车间的工作人员比自然通风车间的工作人员更容易产生鼻塞、流涕、打喷嚏、鼻痒、胸闷、呼吸困难、咳嗽、咽喉痛和咽干等症状。2000 年夏季,离岛士兵置身于空调船舱 11 天,30.6% 的人出现呼吸道症状,而同批驻岛士兵呼吸道相同症状发生率仅为 2.6%。更早之前英国学者就发现,新建空调楼内职工呼吸道症状发生率(59.0%)高于对照楼(9.6%)。

谈起空调导致的呼吸道疾病,军团菌肺炎是最广为人知的。1976 年,美国费城 2000 名退役军人参加聚会,因空调系统滋生军团菌,导致 221 人感染肺炎。此外,空调还能帮助新型冠状病毒的传播。2020 年,广州 3 个家庭 10 人的聚集性疫情,就可能是由于空调吹风增加新冠病毒飞沫传播距离而造成。因此,慢性支气管炎、慢性阻塞性肺疾病、哮喘、肺结核等患者,要注意空调的使用,以防呼吸道疾病诱发或加剧。

37. 吹空调和肌肉酸痛有关系吗

很多人有这样的感受,吹一会儿空调就感到四肢不舒服,肩部、背部和腰部等部位肌肉酸痛。人们通常把这些症状归结于自身体质或长期肌肉劳损,但其实这种现象很普遍。2012 年深圳调查 14 个集中空调通风的公共场所发现,45.1% 的工作人员存在背部或关节疼痛症状。

吹空调为什么会和肌肉酸痛有关系呢? 夏季灼热,人们穿衣少,肢体暴露于外在环境。长时间吹空调,空调产生的低温会刺激血管急剧收缩,导致血液流通不畅,使人感到脖子和后背僵硬、腰和四肢疼痛、手脚冰凉麻木等。如果再长时间保持同一姿势,肌肉活动减少,肌肉酸痛症状会更加明显。同样因为循环不畅,人们也常常出现关节疼痛,甚至是关节炎、滑膜炎等疾病。因此,已经患有相关症状或疾病的人需正确使用空调,并注意局部的保暖。即便是年轻人,也要注意长时间吹空调引起的这些症状,防止肌肉酸痛和风湿类疾病的发生。

38. 吹空调真的会感到疲惫吗

夏天天气炎热,酷暑连连,吹空调会让人感到清凉宜人,但长时间在空调环境中工作学习的人,也很容易感到疲劳乏力、头晕头痛,甚至记忆力减退。很多人都把这些症状归结于感冒,但其实不然。最常见的例子就是开车跑长途时开空调,即便健康的司机也很容易感到疲惫、打瞌睡。这是为什么呢?

吹空调感到疲惫一方面与室内氧气含量有关。为保证制冷效果,人们开空调时常关闭门窗,导致内空气不流通,氧气不断消耗。研究表明,空调环境下 6 小时后空气中含氧量就会明显下降。而当氧气得不到补充,二氧化碳浓度升高时,大脑就会缺氧,产生头晕、发热、盗汗、身体发虚等症状。这是空调病的表现,然而很多人却将其误认为是感冒。

吹空调感到疲惫另一方面可能与室内负离子有关。空调可吸附空气中负离子,导致室内正离子增多。负离子能抑制人的中枢神经系统,缓解大脑疲劳,减轻紧张和头痛等症状。而开空调导致的负、正离子失衡会造成大脑神经系统紊乱。但是目前负离子对健康影响的结论尚不一致,还需要进一步研究和探讨。

此外,空调产生的风速、噪声和电磁辐射,也能影响人们的注意力和睡眠质量,造成神经衰弱等症状,但仍需进一步研究。

39. 长时间吹空调还有其他健康危害吗

长时间开空调,除了导致上述呼吸道症状、肌肉酸痛和疲劳等,还能引起胃肠道不适、手脚冰冷、皮肤瘙痒和过敏等问题。

长时间吹空调可能导致胃肠道不适和手脚冰冷。空调吹出的冷风同样可以导致胃肠道血管收缩,胃肠道运动减弱,从而表现为食欲不振、恶心,严重情况下会又拉又吐。而当冷风吹到皮肤,皮肤血管收缩,血流不畅,人们容易感到手脚冰冷。尤其是女性,经寒冷刺激后,不仅容易产生胃肠道不适、手脚冰冷,还容易出现月经不调。

长时间吹空调可能导致皮肤瘙痒。空调不仅风冷,还容易产生干燥的环境。长时间在空调环境下的人,眼睛容易干涩和瘙痒,皮肤也会出现瘙痒、干裂、潮红等情况。

长时间吹空调可能诱发过敏。空调通风系统可将室外花粉、空调内部滋生的螨虫、霉菌以及细菌内毒素等致敏原带入室内。又因为密闭的室内环境,导致这些致敏原聚集,从而引起人群过敏反应,甚至是哮喘,对人体健康构成危害。

40. 哪些人容易得空调病

很多时候开空调,有些人容易腰背酸痛,有些人则同往常一样,到底哪些人更容易得空调病呢?从性别上看,女性更容易得空调病;从年龄上看,免疫力相对较弱的儿童和老年人容易得空调病;从职业上看,长期吹空调的办公室人员和司机容易得空调病。

为什么女性容易得空调病呢?女性对寒冷刺激更敏感,且夏季着装以短衣短裤为主,经常从事办公室工作,因此暴露于空调环境的时间长。调查发现,集中空调环境下的女性更容易产生头晕头痛等不良反应,且伴有月经量和月经周期的异常。

儿童和老年人也容易得空调病。儿童免疫系统尚未成熟,不能及时有效地清除细菌、病毒和霉菌等病原体。老年人则免疫系统薄弱,还常伴有多种慢性病。他们的机体不能很好地应对空调带来的冷热变化,很容易产生类似感冒发热等症状。除此之外,空调环境不利于儿童锻炼自身体温调节功能,可能导致环境适应能力变差。

办公室人员和司机也是空调病的高发人群。办公室人员和司机因为工作性质,长期吹空调,导致空调暴露率和暴露时间增加。一方面冷风刺激血管收缩,另一方面密闭环境空气质量差,这两方面因素都会增加空调病的患病风险。

41.空调病是室内空气污染惹的祸吗

人们每天大约有 80% 的时间在室内度过,室内空气质量和健康息息相关。由于室外空气污染、室内装修、吸烟、家用化学品等原因,我国室内空气质量不容乐观。此外,很多长期使用的空调都没有经过定期清洗消毒,空调管道和供水系统容易滋生多种病菌。使用空调,密闭门窗,可能加剧室内空气污染,不良的室内空气会影响呼吸系统。所以室内空气污染是导致空调病的重要原因之一。

我国学者早在 1985 年就已经从建筑大楼空调系统冷却水中分离到嗜肺军团菌。如今多年份多地对公共场所空调系统抽查也检测出军团菌的存在。目前,军团菌已成为酒店、商场和医院最主要的生物性污染物。虽然人体免疫系统在大多数情况下能抵挡这些病菌的攻击,但很多病菌的代谢物会引起一些人体免疫反应,造成身体不适。免疫功能低下的老年人,则更要注重病菌的潜在威胁。

为保证空调制冷效果,通常会紧闭门窗,减少新鲜空气进入室内,引起室内污染物浓度升高,氧气含量降低,导致眼部、呼吸道、皮肤等出现不适症状。据统计,50% 的不良建筑物综合征是由室内新鲜空气量不足引起的。此外,部分空调可能存在设计不合理,进风口和排风口距离不足等问题,这样即便室内有新风进入,也会导致室内污染。

42. 空调病温度变化是祸首

很多人出入空调房间最大的感受就是温差太大,时不时身体一激灵,打个哆嗦。其实这种温差,或者说温度的快速变化会对身体造成极大的影响。

人是恒温动物,通过一系列复杂的生理系统和行为方式来调节体温变化。但人体体温调节也不是无所不能,在短时间内人体自我调节体温的能力为5～7℃。在这个温差范围内,人体可通过调节汗腺、毛孔张闭、毛细血管及肌肉收缩等适应温度。而当温度变化过大时,体温调节系统难以应对,就会出现紊乱。比如,在室内外温差大于10℃的房间里每隔15分钟出入几次,会出现腹泻等症状,尤其是老年人、小孩及女性。

因此,合理使用空调至关重要。夏季住宅舒适温度应控制在26～28℃,与室外温差5～8℃。如果长时间开空调导致室内温度与室外温度差异较大,每次进出机体血管会受刺激收缩或舒张,导致调节体温的自主神经系统紊乱,造成身体不适或严重症状。所以,较大的室内外温度差异是导致空调病的原因之一。

43. 引起空调病的其他因素有哪些

除了室内空气污染和温度变化,开空调导致的吹风、噪声和电磁辐射也可能影响人们的身心健康。空调风可以加速水分蒸发,导致眼部干涩和皮肤干燥;冷风的反复吹袭,可以造成局部血管收缩,血流不畅,肌肉酸痛,也可造成躯体温度频繁转换,引起自主神经紊乱。

空调产生的噪声也会对人产生影响。我国《家用和类似用途电器噪声限值》(GB 19606—2004)规定,空调按制冷功率大小,噪声限值应该在40～68dB(A)。但很多空调长时间使用后,由于面板或固定器材松动,封口异物剐蹭或减振材料失效等原因,噪声会增加,尤其是空调室外机。长时间接受噪声,可能影响工作效率,也会对心血管系统和神经系统产生副作用,导致心律异常、血压波动、头晕头痛和睡眠障碍等危害。

关于电磁辐射的危害,现今人们争议颇多。电磁辐射污染可能影响肿瘤的发生发展、生殖功能、神经生理和行为。空调虽然也会产生电磁辐射,但尚无明显的证据表明空调电磁辐射会对人体健康产生负面影响。

空调本身不能引起疾病,空调使用不良是引发空调病的根由。开空调后导致的室内环境质量降低,室

内外温差增大,噪声和电磁辐射增强,是引起空调病的
原因。

44. 引起空调病的原因有哪些

夏日炎炎,相信很多人都想一整天待在空调房里,
好好地享受清凉。但总是待在空调房里吹空调,身体
容易不舒服,比如特别容易困乏、莫名其妙打喷嚏、皮
肤发紧发干、关节痛、肌肉痛等,这些问题都很有可能
是空调病的症状。空调病是人长时间在空调房环境下
引发的一系列不适甚至病症的统称。空调病真的是吹
出来的吗?引起空调病的原因有哪些?下面让我们一
探究竟。

原因一:频繁进出室内外温差过大的地方,忽冷忽
热,毛孔骤闭骤张,排汗功能失调,出汗减少,体内废物
不容易排出,造成体内平衡系统的调节功能紊乱。

原因二:空调房间密闭性强,室内外空气无法交
换,室内空气中细菌、病毒等有害微生物容易滋生,空
气质量较差,长此以往,人体自身免疫功能下降,易受
到病菌感染。

原因三:由于空调房空气不流通,缺少新鲜空气刺
激,人也比较少打喷嚏,隐藏在鼻腔里的病菌、分泌物
排不出去,就会使人患咽炎、慢性支气管炎等,有些人
还会出现过敏反应。

原因四:很多旧式空调一般只能降温不能除湿,而

暑伏天气较高的湿度和较低的气压会让身体不适,湿度大、气压低,再把空调温度调得过低,反而会使人产生不适,如腰酸背痛、食欲缺乏、疲倦无力等。

45. 中医帮您解答为什么会得空调病

从中医整体观的角度去审视、理解空调病,可得到新的认识和理解。从中医的角度看,空调一有吹风,二有寒冷,因此风邪和寒邪是中医认为空调病的主要病因。至于暑湿、燥邪、疫疠之邪等病因也可以辅助解释空调病的病机。

风邪善行数变,游走不定;寒邪凝滞收引,阻气血运行;暑湿耗气伤津,阻滞气机。夏季天气炎热,出汗多,毛孔大开,风邪寒邪乘虚而入。邪郁于肌肤体表,表寒郁热证,表现为头晕头痛、关节疼痛、畏寒冷、周身酸痛。后期外邪入里化热，暑热夹湿症，表现为身热出汗、口渴、纳呆、倦怠乏力等症状。这些话读起来略显拗口，听起来意会懵懂，其实本质上是说：夏天炎热，空调吹出的冷风可侵入机体，在身体里游走，阻碍气血运行，从而表现出头晕头痛、疲劳乏力和肌肉酸痛等症状。

此外，风邪易袭阳位，上犯侵肺，使肺气不得宣发而出现咳嗽、流涕和哮喘等呼吸道症状。寒邪抑遏阳气，致脾阳虚，可出现呕吐、腹痛和腹泻等消化道症状。这几句话表明吹空调可以影响人体呼吸道和消化道功能，引起咳嗽、流涕、腹痛、腹泻等症状。

46. 空调病的对症施治

空调病的表现因人而异，主要影响人体呼吸、肌肉、皮肤和神经等系统。如果我们得了空调病，要怎么办呢？

如果发现自己得空调病或出现相关症状时，首先可远离空调环境，避开潜在的危险因素，这样很多症状会及时缓解；如果需长期待在空调房间，应注意科学使用空调，开窗通风，注重保暖等。一旦症状严重，请及时就医，按时服药，遵从医嘱做相应处理。此外，针灸、艾灸、砭石等方法也可缓解空调病相关的肌肉酸痛和关节疼痛等症状。

有些人会说自己身强体壮，不用在意吹空调引起的症状。但如果持续长时间开空调,即便身体素质好的人,也会产生各种不良反应,甚至会引起风湿性关节炎等长期病症。所以及时就医不抗病十分重要。

47. 如何科学预防空调病

根据空调病的致病机制,可从以下五个方面科学预防空调病。

(1)定期清理空调:建议每年在重新使用空调前彻底清洗,使用期间每个月清洗一次滤网。清洗消毒后应开启门窗半小时左右,使用通风功能运行至残存消毒剂挥发完再投入使用。清洗空调可减少灰尘蓄积和病菌滋生,改善室内空气质量,还能提升制冷效果。

(2)合理调节空调温度和使用时长:夏季空调温度可设定在 26～28℃,不宜过低,避免因室内外温差过大导致空调病。同时在空调房间内不宜待过长时间,一般为 3～4 小时。如需长时间待在空调屋,要注意局部保暖,女性可携带披肩等物品备用。睡觉时可关闭空调。

(3)空调房开窗通风:开空调时可每隔 2～3 小时开窗换气,以确保室内外空气流通,室内空气清新。人们也可以定期到室外透气,或辅助使用空气净化器等设备。新装修和购买新家具的房间更应该经常通风换气。

(4)避免空调直吹:不要坐在空调的排风口下直

吹,防止躯体局部降温过快和皮肤干燥。也不要因出汗直接吹空调,最好先换掉湿衣服,擦干汗水再进入空调房。

(5)加强自身免疫力:可在日常进行适宜的体育锻炼,增强机体免疫力。

(二)军团菌病

48.您知道军团菌是怎么被发现的吗

军团菌,是和军队有关的病菌吗？它的发现是比较偶然的,下面让我们了解一下军团菌是如何发现的! 1976 年 7 月 21 日至 24 日,美国退伍军人协会宾夕法尼亚分会在费城旅馆举行第 58 届年会,共有4400 名左右的代表、代表家属等人员参加。大会以旅馆休息室为中心举办各种会议、阅兵式、晚餐和舞会。会议期间共有 221 人得了一种症状相同的疾病,症状是发热、咳嗽,死亡 34 人,由于大多数死者都是退伍军人协会成员,因此称为"军团菌病"或"退伍军人症"。

宾州卫生部和美国疾病预防控制中心进行了联合调查,用一般细菌学方法未能分离出病原。1977 年 1月,用病死者的肺组织悬液接种豚鼠、鸡胚卵黄囊,并用间接荧光抗体技术证实此次肺炎的暴发流行与一种杆菌有关。

1978 年 11 月在亚特兰大召开的国际会议上正式

命名该细菌为"军团菌病杆菌",其引起的感染则称为"军团菌病"。此后的研究发现,1973年发生在西班牙地中海沿岸的英国旅游者肺炎,1968年美国密歇根州庞蒂亚克市奥克兰县发生的庞蒂亚克热,1965年华盛顿圣伊丽沙白医院发生的肺炎,均为军团菌引起。甚至1947年和1943年从自热病患者血中分离的立克次体样病原微生物,也为军团菌。美国40多个州,世界30多个国家均发现本病。在我国,1981年南京军区南京总医院(现东部战区总医院)发现国内首例患者。

49. 军团菌到底是什么样子呢

(1)军团菌的类型

军团菌是一种无菌膜、不产气、有菌毛和微荚膜、可运动、不形成芽孢的专性需氧革兰氏阴性杆菌。主要由菌体抗原和鞭毛抗原组成,根据抗原分为不同的血清型,目前发现军团菌有50种,70个血清型,其中接近50%对人类有致病性,如嗜肺军团菌、米克戴德军团菌和博杰曼军团菌,能引起人类疾病的约有20种。嗜肺军团菌是引起流行性、散发性、社区获得性肺炎和医院获得性肺炎的重要病原体,其中90%以上的军团菌肺炎是嗜肺军团菌引起,有16个血清型,我国主要流行1型和6型。根据传播特点,军团菌病可分为社区获得性感染、医院获得性感染和旅游相关性感染3种类型。

（2）军团菌的特征

军团菌普遍存在于空调冷却塔、自来水、人工喷泉和温泉浴池水等人工水环境系统中，是军团菌病的病原菌，引起的军团菌病主要有肺炎和庞蒂亚克热两种临床表现形式。军团菌生长需要多种元素，如钙、镁、锰、钼等，生长最适宜温度是 25～42℃，适宜 pH 为 6.8～7.0，在人工水环境中，适宜的水温、水流停滞、水中沉积物、锈垢和生物膜的存在等因素都有利于军团菌的生长，其感染可产生多种酶类、毒素和溶血素，菌毛黏附作用和微荚膜的抗吞噬作用参与发病过程。

（3）军团菌的易感人群

军团菌是一种常见细菌，发病率约为 12/10 万。因肺炎住院的患者中，军团菌肺炎占 2%～15%；入住 ICU 的患者，军团菌肺炎占 12%～23%，位居第二，仅次于肺炎链球菌。各年龄人群均可发生军团菌感染，但老年人多见，其他一些慢性基础疾病的患者及免疫力低下者如糖尿病患者、实体器官和骨髓移植者、长期使用激素者、HIV 感染者等更易感染。旅游者中易散发和暴发感染，这可能与疲劳、抵抗力减弱和旅馆有关，故有国外资料表明，凡与旅游者和旅馆等建筑有关的肺炎流行应怀疑为军团菌肺炎。

50. 军团菌离我们远吗

近些年，国内外的军团菌病时有发生。2018 年 9

月,意大利数百人感染军团菌。数据显示,9 月 2 日至
24 日,布雷西亚地区报告肺炎病例数超过 500 例,对
其中 405 例分析显示,男性占 66%,平均年龄 65 岁,42
例确诊为军团菌感染。调查显示,本次军团菌感染暴
发源于一处商场大楼中央空调的冷水塔。意大利卫生
部门采集疫情地区的水样化验分析,在布雷西亚 14 个
大型冷却塔中,9 个检测出军团菌。特伦蒂诺市至布
雷西亚市地区以及伊德罗湖沿线的 12 个大型冷却塔,
同时也被检测出军团菌。

目前,国内除西藏自治区外所有的省份均有军团
菌病暴发流行的报道,其中以北京、上海、广东等地区
的相关报道尤为多见。相关统计显示,1985—2005 年
国内正式报道 13 起军团菌病暴发流行,其中 10 起由
嗜肺军团菌引起、1 起由米克戴德军团菌引起、1 起由
博杰曼军团菌引起、1 起未进行菌型鉴定。除暴发流
行,散发的军团菌病病例报道亦为多见,近几年该病发
病率呈明显上升趋势。

51. 军团菌存在于什么样的环境中呢

许多公共场所都采用中央空调调节室内温度,但
是公共场所往往人群密集,通风不畅,再加上室内温度
高,给军团菌病传播创造了一个很好的条件。军团菌
易在风管表面积尘、冷却水和冷凝水等处繁殖,随着送
风进入室内,被人体吸入后会出现发热、上呼吸道感染

等症状,严重者可导致呼吸衰竭和肾衰竭。军团菌普遍存在于自然环境中,如水和土壤。军团菌还存在于人工水体中,包括淋浴器、温泉、喷泉以及空调设备的冷却水和冷凝水等。

52. 军团菌是怎么传播的

人类感染军团菌主要由于吸入含军团菌的气溶胶和尘土,其主要产生于中央空调冷却塔、淋浴器、工业用冷却水和呼吸机湿化装置等。由于处理不当或长期不使用,军团菌在管道水流淤积处滋生,人一次性大量吸入或机体防御功能减弱时,会引起感染。军团菌病发病的季节分布、年龄分布和性别分布特征各地基本一致。6—10月为高发季节,发病高峰为8—9月。在已报告的病例中,年龄分布以老年人发病多,75%~80%为50岁以上人群。男性多于女性,60%~70%为男性。约70%的病例为社区获得,20%与旅行行为相关,8%为医院环境内传播,2%为其他获得性感染如特殊职业等。

53. 军团菌是怎么感染人体的

军团菌能侵入人体单核细胞、巨噬细胞以及水生环境中的原虫并寄生。当人吸入含大量军团菌的气溶胶后,直径小于5 μm的颗粒可直接进入呼吸性细支气管和肺泡,定居在肺组织细胞内造成感染,被吞噬细胞吞噬后,军团菌破坏小泡传输,阻止吞噬体 - 溶酶体融合,逃避机体的杀灭。细菌借助其表面的结构蛋白,如鞭毛、纤毛等以及特异的黏附素黏附在细胞上,然后释放毒性物质及酶类,侵入到宿主细胞内并在宿主细胞内复制繁殖,导致宿主细胞死亡。再释放军团菌,引起新一轮的吞噬与释放,由此导致肺泡的急性损伤,同时伴有水肿液渗出。易出现神经系统症状,如严重头痛、意识模糊、嗜睡、定向力障碍等;消化系统症状,如恶心、呕吐、腹痛、腹泻等。有 25%～50% 的患者出现蛋白尿,30% 出现血尿。病变重者出现肾小管坏死、间质性肾炎,10% 出现肾衰竭。偶发心内膜炎、心肌炎,并可引起低血压、休克等。

54. 哪些场所或设施最容易被军团菌污染

一项研究显示,某地 13 家应用集中空调的大型公共场所,13 份水样中 5 份分离出军团菌,占 38.46%,提示在其冷却水系统内,军团菌污染较为严重。研究表明,90.0% 以上的军团菌感染是嗜肺军团菌引起,目前共发现嗜肺军团菌有 16 种血清型,其中以 I 型军团菌肺炎最为常见,占 85.0%。诱发军团菌感染的病原菌类型多样,且广泛分布于自然环境中,地区之间存在一定差异。目前,军团菌病已被世界卫生组织(WHO)纳入传染病的行列,也提示了冷却水对人体生命健康有潜在危害。在空调系统、呼吸治疗器、超声波加湿器、医院水龙头、浴室喷头等部位均可检出军团菌,其中空调系统冷却塔水中检出率最高,可达 50% 以上。有学者对某地部分宾馆、饭店、学校、医院和公共娱乐场所中央空调冷却塔水和湖泊水样作了初步调查,结果显示嗜肺军团菌分离培养阳性率平均为 35.1%,PCR 法检测嗜肺军团菌的平均阳性率达 66.7%,表明军团菌已成为人们日常生活当中威胁健康的重要因素之一。

55. 出去旅游,也要防范军团菌病

旅游相关性感染指患者患病前 10 天内离家至少一个晚上,可能在宾馆、饭店、车船、营地等环境中获得感染。欧洲军团菌感染工作组(European working group for Legionella infections,EWGLI)调查显示,2000—2002 年,共报道旅游相关性军团菌病聚集病例 315 例,散发病例 1803 例;2003—2004 年,31 个国家共报道旅游相关性军团菌病病例 1914 例,其中 764 例与国内旅游有关,1150 例与出国旅游有关。我国关于旅游相关性军团菌病病例的报道相对较少。有一项研究发现,2010 年 4 月一名香港游客在广州旅游期间感染军团菌,约 10 天后被确诊为军团菌病,感染来源不明。2009 年香港确诊 29 例军团菌病病例中 10 例曾于潜伏期内离港外游。对旅游环境及相关人群进行军团菌流行病学调查可预防军团菌感染及流行暴发。还对 52 例从事列车乘务工作 1 年以上的列车乘务员进

行血清学检测,8 例检出军团菌 1 个或 1 个以上血清型抗体阳性,包括嗜肺军团菌和米克戴德军团菌共 8 个血清型,以 LP1 型为主,阳性率为 15.38%,提示列车乘务员军团菌感染具有感染率高、感染谱广、交叉感染程度高等特点。以上数据显示,旅游已经成为军团菌感染的重要途径,可以对宾馆、饭店、大型商场等公共场所采取一定的措施。首先,要加强公共场所中央空调水质军团菌监测,积极采取措施预防控制军团菌的暴发;其次,对军团菌主要滋生地定期使用军团菌敏感的消毒抑菌剂进行消毒处理,有效抑制军团菌繁殖生长,降低旅游途中的军团菌感染风险。

56. 哪些措施可以降低军团菌感染的风险

对军团菌病的预防应集中在控制军团菌污染源、控制气溶胶的形成、控制阿米巴等原虫的污染。军团菌不仅可从患者的肺组织、胸腔积液、气管抽取物和血液等标本中分离到,而且可从自然水、人工水和土壤中检出,尤其以空调设备的冷却水检出率最高,所以要对于空调设备给予更高的关注。

(1)建立健全空调通风系统运行管理制度

军团菌病引起的公共卫生风险可通过建立供水系统安全计划解决,这些计划专门针对建筑物或者供水系统所设计,针对军团菌潜在风险采取控制措施并定期实施监测,制定应急处理方案。虽然这些措施不可能彻底消灭传染源,但可以最大限度减少军团菌的繁殖以及气溶胶的扩散,将危险大大降低。控制措施包括设计、操作、运行等多方面。如冷却塔设计远离新风口、窗户;冷却塔设有收水器,减少气溶胶从冷却塔向外扩散;冷却塔持续性添加化学杀菌剂控制微生物生长,并进行定期维护、清洗和消毒;定期对空调系统中可能存在军团菌的水样进行取样监测,并做好记录等。这些控制措施的应用将大大降低军团菌感染风险。

（2）控制军团菌污染源

空调冷却水的浊度与空调使用年限可能是滋生军团菌的重要因素。空调设备日常卫生管理过程中,需加强对集水池等设施的清洗,在有效去除生物膜、沉积物等污物基础上,严格落实消毒工作,进而实现对军团菌的全面控制。同时,医院、办公楼、商场、机场、地铁站等大型建筑物,要对中央空调系统、冷却塔等设备进行定期检测,保持这些设备冷热水系统的清洁。另外,市民对自己家里的空调,浴室里的淋浴器等设备也要定期进行清洁并消毒,保持其卫生清洁。消毒方法可采用常规的氯消毒法、臭氧消毒法、紫外消毒法等。高温可抑制或杀灭军团菌和原虫,当水温达到55℃以上时,可有效抑制军团菌的繁殖。

（3）提高自身免疫力

老年人、儿童、疾病患者等免疫力较差的人群患军团菌病居多,所以加强个人预防也很重要,如注意个人卫生,居室清洁通风,积极进行体育锻炼,增强机体抵抗力。

(三)通风与水封

57. 为什么在开启空调的同时，要注意通风

居住环境和公共场所装修越来越豪华,房屋建筑的密封性越来越好,导致室内环境中甲醛、二氧化碳、烟雾、苯、二甲苯等污染越来越严重,威胁着人们的身体健康。

通风是采用自然或机械方法使风没有阻碍,可以穿过,到达房间或密封的环境内,以营造卫生、安全的空气环境。

58. 通风的方式有哪些

(1)开窗自然通风

自然通风以室内温度差引起的热压以及室外风引起的风压为动力,不需要额外的电力输入,具有零能耗、静音、维护简单等优点,在技术可行的情况下,是所有住宅通风方案的首选。

开窗自然通风是住宅最常用、最基本的通风换气方式,经常开窗通风可保持室内空气新鲜流通,特别是有穿堂风的情况下,开窗自然通风是一种比较高效的通风换气方式。

开窗自然通风的优点是经济、节能,能够保证室内氧气充足,降低 CO_2 浓度,使人体不会出现缺氧的情况,还能够有效清除甲醛、苯、总挥发性有机化合物(TVOC)等室内有害气体。经常开窗,保持空气流通,是所有住宅都应采取的通风措施。

开窗通风的缺点是受室外环境的影响大。一方面,室外空气污染物会快速、大量地传播到室内,造成室内空气污染;另一方面,不能有效降低室外噪声,直接影响室内人员生活、学习、工作、休息等。在北方冬季,开窗通风还会使室外冷空气灌入室内,极不舒适,因此人们会尽量避免开窗通风,造成室内空气品质极差。此外,开窗通风还需考虑防盗、防虫等问题。

(2)带通风器的自然通风

带通风器的自然通风方式是使用通风器代替开窗来进行通风换气。在卧室、起居室窗户的上/下方安装窗式通风器,同时在卫浴、厨房设置无动力排风系统,完全依靠热压/风压驱动通风换气。为保证通风效果,排风管道的阻力应尽量小,并且应保证排风管道垂直高差足够大。

(3)排气扇/排风机通风

排气扇/排风机通风也被称为机械辅助式自然通风,该通风方式在进风部分与自然通风相同,只是在排风部分增加了动力排风设备,需要消耗一定的电能,但增强了通风的可靠性和可控性。

（4）分户式新风系统

分户式新风系统主要由新风机、送 / 排风管、送 / 排风末端组成，为室内输送新风。由于新风机组内安装有空气过滤器，可有效过滤 $PM_{2.5}$，保证了新风的洁净度，即使在雾霾天也可以稳定提供新鲜干净的空气。

（5）壁挂式新风系统

壁挂式新风系统是一种挂在墙壁上的新风系统，其原理与分户式新风系统类似，但与分户式新风系统相比，壁挂式新风机体积较小，又没有送风管路，安装更为简便，可在房间装修后进行安装，只需要在墙上开1 个或 2 个直径 10cm 左右的洞即可安装使用，安装施工极为方便，普通水暖工人就可以完成。

59. 水封与空调有什么关系

每个用水器具都通过一个水封装置与下水管道隔开，阻断下水管道内的污染气体进入室内。若水封失效,则室内空气与下水管道中的污染气体连通,通过建筑烟囱效应和卫生间排风的抽吸作用,污染气体进入室内,携带的致病微生物散布在室内物体表面,居民通过皮肤接触受到感染。通过水封切断下水管道和室内的连接即可切断污染源,降低室内空气被污染的风险,同时还可以避免不同楼层之间空气的掺混。

水封是用来抵抗排水管内气压变化,防止排水管道系统中受污染气体窜入室内的一定高度的水柱。

水封的要点:①水封高度 ≥ 50mm。水封高度不足,易由于水封干涸、排水管道内压力波动等原因造成破坏;水封高度过高,易造成排水不畅和水封沉积。②水封容量:水封存有一定水量,一般是 350ml。

三、空调选择和使用

(一)空调选择

60.空调选购应该关注什么

夏季是一年当中空调的销售旺季,各种品牌各种型号让人眼花缭乱,难以抉择。挑选空调建议您从以下多个方面去考虑。

(1)空调匹数和制冷量

空调的匹数越大,制冷量越强。但是这并不代表匹数越大就越好,还要看房间的面积有多大。一般来讲,1匹的空调适合 $10\sim15m^2$ 的房间,大1匹的空调适合 $11\sim17m^2$ 的房间,正1.5匹的空调适合 $14\sim21m^2$ 的房间,大1.5匹的空调适合 $15\sim23m^2$ 的房间,2匹的空调适合 $23\sim34m^2$ 的房间,3匹的空调适合 $34\sim48m^2$ 的房间。

(2)节能耗电——能效比

能效比越高,制冷功率越小,耗电量越少;能效比越低,制冷功率越大,耗电量越大。我国市场准入的有一级至五级能效,其中一级能效最节能省电,五级能效耗电量最大。

（3）变频空调和定频空调

变频空调在使用的舒适性、节能性、运行噪声等方面占优势，是市场上空调销售的主流产品。变频空调的省电优势在长时间连续使用时才会体现出来，因此针对空调使用时间较短的人群，可以选择价格更便宜的定频空调。

（4）售后服务

市场上空调品牌众多，建议在消费时优先选择品牌知名度高、企业实力强、售后服务完善有保障的品牌。

（5）价格

对于空调产品，一般从 10 月份到第二年 3 月底是销售淡季，4 月到 9 月是销售旺季，旺季和淡季的价格差一般在 7%～10%，可以多方位对比不同电商平台以及多家门店价格，抓住优惠促销选购心仪的空调。

61. 定频空调还是变频空调，您选对了吗

市场上的空调可分为定频空调和变频空调两大类，究竟该买哪种，很多人抱有不同的态度。

定频空调是指在 220V、50Hz 条件下工作的空调，其压缩机转速恒定，依靠"开""关"状态的切换来调整室内温度。一旦室内温度达到设定温度，定频空调的压缩机便停止运行，进入休眠模式。当室内温度再次回升到一定程度后，压缩机再重新启动。尽管定频空

调在价格上具有一定优势,但由于其只有在室温与设定温度温差在 2～3℃时才会切换运行状态,往往会造成室内忽冷忽热,给人的舒适感相对较差。

相对于定频空调,变频空调增加了变频控制系统,将 50Hz 的固定频率改为 30～130Hz 的变化频率。达到设定温度后,可通过调节压缩机频率,控制空调输出的冷热量,以能够准确维持这一温度的恒定速度运转,实现"不停机运转",从而保证室内温度维持在设定温度附近。避免了压缩机频繁"开""关"所造成的寿命衰减,实现了高效节能,还避免了由于温度反复变化所造成的不适感。但由于变频空调的成本较高,价格相较于定频空调偏高。

总体来讲,变频空调的使用是当下的一种趋势,建议在经济允许的范围内优先考虑选择变频空调(表 1)。

表 1　定频和变频空调的性能比较

项目	定频空调	变频空调
适应负荷能力	不能自动适应负荷变化	自动适应负荷变化
温控精度	开 / 关控制,温度波动范围达 2℃	降频控制,温度波动范围为 1℃
启动性能	启动电流大于额定电流	软启动,启动电流很小
节能性	开 / 关控制,不省电	自动以低频维持,省电 30%

续表

项目	定频空调	变频空调
低电压运转性能	180V 以下很难运转	低至 150V 也可正常运转
制冷制热效果	慢	快
热冷比	小于 120%	大于 140%
低温制热效果	0℃以下效果差	−10℃时效果仍好
化霜性能	差	准确而快速,只需常规空调一半的时间
除湿性能	定时开/关控制,除湿时有冷感	低频运转,只除湿不降温,健康除湿
满负荷运转	无此功能	自动以高频强劲运转
保护功能	简单	全面
自动控制性能	简单	真正模糊化、神经网络化

62. 变频空调都有什么优点

提到变频空调,常会联想到它的省电特性,然而变频空调还有一些其他优点,可以概括为以下几方面:

(1)电压适应性强

变频空调器采用模糊控制技术调节制冷(热)能力,压缩机采用低频启动,一般在 20～30Hz,工作电压为 187～242V,适用于电压不稳定的地区。

(2)速冷速热

变频空调开机时经低频低速启动后会快速切换至高频模式运转,转速可达到正常转速的 2～3 倍,此时的制冷量或制热量会高于额定值,可以达到速冷速热的效果,为用户带来更好的使用感。

(3)超低温制热

变频空调可根据室外温度的变化自动调整压缩机转速。在室外温度较低的情况下,通过提高运转频率提高制热能力,最大制热量可达到同类空调的 1.5 倍。在 −12℃时功率可达到额定值的 70% 左右。

(4)快速除霜

变频空调利用微处理器控制电子膨胀阀,除霜时电子膨胀阀全开,压缩机高速运转,利用压缩机排气产生的热度除霜,从而实现不间断供热快速除霜。

(5)噪声低

变频空调采用变频双转子压缩机和变频直流电机,使压缩机无论低速还是高速都能平衡地运转。此外,一般的分体机只有 4 挡风速可供调节,而变频空调的转速会随压缩机的工作频率在 12 挡风速范围内变化。由于风机的转速与空调器的能力配合较为合理、细腻,实现了低噪声安静运行,最低噪声只有 30dB(A)左右,可最大限度地减轻对听力的损害。夜间使用可提高用户的睡眠质量。

（6）舒适性高：当室温接近设定温度时，变频空调的压缩机会调整转速来调节室温，营造温度变化不大的舒适环境，避免了温度反复变化所造成的不适感。

（7）除湿功能合理：变频空调在除湿过程中，压缩机维持制冷时的 1/3 频率运转，在不改变温度的基础上，以较小的输入功率达到除湿效果。

63. 使用中央空调会对人体健康产生哪些影响

由于清洁不到位，中央空调送风管道中会有大量累积的灰尘和细菌，冷却水中会滋生多种微生物，空调散热器上也会滋生螨和病原微生物。上述污染物极易导致使用者患上过敏性鼻炎、过敏性肺泡炎、哮喘等疾病。

长时间使用空调也会影响室内空气的质量。当空调使用 6 小时以后，封闭环境室内空气中氧气的浓度会下降，导致人体供氧不足，产生呼吸困难等症状。

空调系统对人体健康的影响还与人们在封闭环境中停留时间有关。研究表明，人在其中逗留的时间越长，受到的影响也就越大。为了减少此类健康影响，建议把空调的预设温度调至与室内本身温度差值不超过 5℃，同时注意通风换气，加强室内空气流动，形成空气对流，增加室内空气洁净度，减少有害物质的积累与影响，从而保证人体健康。

64. 使用空调会破坏环境吗

空调的普及在带给人们舒适的生产、生活环境的同时，也会对地球环境造成不同程度的污染。

空调所用的氟利昂是一种含有氟元素的化合物。氟利昂会破坏地球上空 15～25km 的臭氧层，形成臭氧层空洞，从而使更多的太阳光紫外线照射到地球上，危害人体健康。氟利昂降解过程中还会生成大量 CO_2 等温室气体，造成地球温度上升。

此外，使用空调还会把大量的热气集中排放到大气中，导致夏季的城市温度高于郊区温度，居民区温度高于广场温度。

65. 什么是"健康"空调

近年来，空调行业发掘出了多元化的消费需求，不再局限于提供舒适的温度，更要提供健康的空气。健康空调的健康性能主要通过空调的抗菌、除菌、空气净化、新风等来体现。

目前市面上的空调除菌技术主要包括紫外线杀菌和新风杀菌等。紫外线杀菌是指空调搭载了紫外线杀菌技术,新风杀菌主要是通过 HEPA 滤网技术以及 Hi-Nano 负离子技术,从而有效降低空气中微生物的浓度。

随着市场规模的迅速扩大,除菌空调的产品质量良莠不齐,且目前尚缺乏统一的国家标准对除菌空调产品的性能进行科学地判定与评价。

66. 智能空调的发展趋势是什么

近年来,智能空调与传统空调相比展现出了诸多优势,在今后的发展过程中,智能空调的发展趋势可以总结为以下几个方面:

(1)健康理念的实现

智能空调在具备调节温度、湿度、通风换气等基础功能上优化空气净化及除菌等功能,改善空气状况,为用户营造舒适健康的室内空气环境。

(2)智能化的应用

基于用户交互行为的 APP 功能架构,根据用户的需求指导功能设计,使智能空调更加人性化,如在外出的情境下远程提前开启空调,有效反馈家中空调的运行状况是否按照指令行事,无需每天设置定时开启和关闭就可以定制符合用户睡眠习惯的睡眠模式等。

（3）技术可视化

丰富手机 APP 的功能，突破 APP 只作为遥控器的壁垒，将智能空调的功能可视化，如让用户知晓室内空气状况等，最大限度地满足功能性与美观性的协调。

（4）促进健康行为的改变

在智能空调与用户交互过程中，基于用户所处环境以及空调使用习惯，提出改善空气品质的方法与建议，进行适度的生活方式劝导，让用户形成健康意识，产生想要获得健康生活方式的动机和愿望。

综上所述，智能空调的发展趋势是以用户健康为核心，致力为用户打造更完善愉悦的使用体验和健康生活方式。

（二）空调使用

67. 空调调到多少度最合适

夏季，人们感觉最为舒适的环境是温度25～28℃、相对湿度40%～65%、风速0.15m/s，此时人体处于最正常最理想的热平衡状态。实际上，人体所感觉到的有效温度，比室内空气温度要略低一些，一般低1～2℃，即空调的送风温度虽然略高一些，但人体实际所感觉到的温度并没有那么高。因此，空调的控制温度调整到26℃左右，这时人体感觉将更为舒适。

从有利于健康的角度讲，夏天开空调时，室内与室外的温差不能太大，一般5～10℃为宜。如果温差过大，使人进出时经受气温骤变，易患感冒。而长期在室内温度过低的环境下工作生活，则易患"空调病"。所以夏天空调温度应控制在26～28℃，最低不宜低于22℃，夜间空调温度不应低于24℃。

冬季，室内空调温度最好调到16～26℃，最佳温度是20℃。室内温度不要过热，尽量使室内外温差小于6℃，不仅有利于身体健康，也可以避免空调超负荷工作。制热时刚开机用低风挡，半小时后改用中风挡。请务必注意不要在冬季将温度设在空调可承受的极端30℃，否则会引起空调频繁启动或不停机，增大耗电量，严重时甚至会损坏空调压缩机。

从健康角度看，如果冬季空调温度设定高至26℃

以上,会使得室内空气异常干燥,伤害人的体液、津气,浑身燥热,眼、耳、口、鼻、喉、皮肤等处感觉干涩。从节能角度来看,空调温度设定在能保证人体取暖的情况下,当然是越低越好。因此,综合多方面因素,建议冬季空调温度设定在 20℃左右为宜。

68.空调常见的六个使用误区,您有过吗

在日常生活中,很多人都会对空调使用产生错误认识,不仅会增加耗电量,严重时还会缩短空调使用寿命,甚至直接报废。看看下面的六个误区您有过吗?

误区一:制冷剂一年须换一次。空调的制冷系统是半封闭型,在制冷过程中的确会存在制冷剂渗漏,有时需要添加制冷剂。但每台空调制冷剂渗漏的情况都不一样,所以并没有规定特定的时间更换制冷剂。

误区二:制冷效果差就需添加制冷剂。空调的制冷剂过少和过多都会影响制冷效果。除此之外,还有很多因素也会影响制冷效果。当发现空调制冷效果差时,应请专业维修人员进行问题排查。

误区三:空调长时间不用没关系。空调长时间不使用,压缩机里的润滑油会凝结,再次使用时有可能会造成压缩机卡死。建议在不使用空调的季节,最好也能保持一个月开机使用一次。

误区四:空调房的空气无需更换。虽然有些空调本身携带负离子、氧吧等功能,但最有利于人体健康的

是自然空气。空调使用一段时间后,要定期开窗,让房内空气和外界空气形成对流。

误区五:外机裸露需装雨篷。外机本身具备防水、防酸、防锈功能,通常情况下不需要另外的遮蔽。经常在太阳下暴晒的外机则应安装雨篷,雨篷的尺寸要适中,尺寸过小会影响空调的热交换。

误区六:清洗空调只需洗过滤网。在所有家电中,空调积尘污染最为严重,空调的内外机均需定期清洗。内机清洗主要是清洗过滤网,灰尘较多时,还需清洗蒸发器。外机清洗主要是清洗冷凝器和热交换器。

69. 夏季车载空调的六个使用误区,您都清楚吗

随着夏天的到来,对于有车一族来说,车载空调的使用频率也越来越高,下面这六个车载空调使用误区您都清楚吗?

误区一:为省油开小风量。车载空调在使用过程中会吸入灰尘形成污垢,时间长了就会霉变,空调长时间开小风量,很难把风道里面的灰尘污垢吹出来。

误区二:内循环开到底。内循环模式确实能减少压缩机的负荷从而减少油耗,但时间长了车内空气会变得浑浊,氧气含量降低,从而造成车内人员头晕,甚至缺氧。

误区三:一上车就开空调。其实这样做并不能加速车内温度下降,且被暴晒后的密闭车厢内存在很多

挥发性有害物质,对健康有害。

误区四:一直对着风口吹。出风口正对着自己的面部,这种方法确实能瞬间让人感到凉快,但有可能会引起头疼。

误区五:长期处于休眠期。长期搁置的空调容易滋生霉菌,影响车内空气质量。如果一段时间不使用就可能会发霉,散发出难闻的气味。

误区六:空调不脏不清洗。车载空调要记得定时清洗,如果为了省钱或省事而不清洗,时间久了会给健康带来较大危害。

70. 夏季空调使用需要注意哪些事项

夏季来临,天气炎热气温升高,又到了躺在沙发上吹着空调吃雪糕的季节,非常惬意。因为夏季温度较高,人们普遍喜欢待在空调屋里享受空调带来的凉爽,然而久吹空调或者空调使用方法不当,可能会影响身体健康,如感冒等。为了家人身体健康,我们在使用空调时要注意什么呢?

(1)开启前,用不滴水的湿布擦拭空调机外壳上的灰尘,清洗过滤网。装好过滤网,开启空调制冷模式,检查空调能否正常运行。

(2)每天使用分体式空调前,应先打开门窗通风20～30分钟再开启空调,建议调至最大风量运行5～10分钟再关闭门窗;分体式空调关机后,打开门窗,通风换气。

（3）长时间使用分体式空调、人员密集的区域（如会议室），空调每运行 2～3 小时需通风换气 20～30 分钟。

（4）室内温度建议不低于 26℃。如能满足室内温度调节需求,建议空调运行时门窗不要完全闭合。

（5）从室外回到房间内,身上有汗时,要先将汗擦干,再开空调;在连续高温天气,使用空调时间过长时,一定要注意多喝水,保持体内水分充足。

（6）夜间睡觉时,温度不能调得太低,以防冷空气从鼻腔吸入,时间长了引起口鼻发干,甚至引起感冒或上呼吸道炎症。要注意保暖,盖好空调被,不要为了凉快睡在空调风口处。

71. 冬季使用空调需要注意哪些事项

虽然现在有地暖、暖气等多种采暖方式,但依然有很多家庭选择使用空调取暖。那么冬季低温天气使用空调采暖需要注意哪些问题呢?

（1）经常清洗过滤网。每年换季的时节,空调首次开机前都应该进行彻底的清洁与消毒,应使用空调专用清洗消毒剂清洗过滤网和风机盘管。

（2）雨雪天气空调开机使用前,要注意检查、清除室外机上的积雪及结冰。如果风机扇叶上有积雪或结冰,运行时噪声会增大,振动会加剧,可能导致风机扇叶断裂并连带损坏换热器。

（3）保持通电状态。低温及雨雪天气,空调的制热效果在一定程度上会有所下降,需保持室内机、室外机处于通电状态,避免断电后通电预热不能马上开机制热。

（4）注意保湿。这一点是不管在冬季还是夏季都要做到的一件事情。空调房间里空气干燥,要注意保湿,放盆水或养点绿色植物,多浇些水,还可以使用加湿器。

（5）不要直对着人的方向吹。适当地调整扇条的方向,任何时候风都不要吹到人的身上,会很不舒服,甚至会让人感觉口干舌燥,严重时还会有头痛的感觉。

（6）经常开窗透气。家用中央空调在使用的时候要注意关闭好门窗,因为门窗不关会影响空调的使用效果且增大能耗。但是空调开启一段时间后,在不用的时候还是要注意开窗透气,让室外更舒适的空气进入室内,确保室内外空气对流。

72. 您知道哪些空调使用的小技巧

使用空调也有一些小窍门,既可以省电又健康,您有没有这样使用空调呢?

（1）空调制冷时,将风向朝上,让冷空气由上而下循环;制热时,将风向朝下,让热空气由下而上循环。

（2）在出风口放盆水，保证房间湿度，缓解干眼症状。

（3）减少空调反复开关，夏天时温度调至 26℃，冬天调至 20℃。

（4）睡前开启定时功能，入睡后 2～3 个小时自动关闭。

（5）天气闷热时，善用"除湿"让室内湿度降下来，这样不用调节空调温度，也会让人感觉舒适凉爽。

（6）空调房摆放吊兰、绿萝等绿植，增加室内氧气含量。

（7）空调房每日勤通风，最好一日三次。

（8）室内降温通风时，应先开空调后关窗，等空调里面的污染物释放以后再关闭门窗。

（9）空调房睡觉注意二凉二暖，即"头凉、背凉，肚暖、脚暖"。

（10）空调房睡觉盖蚕丝被，可增加舒适性。

（11）空调房睡觉采取侧卧姿势，可避免上呼吸道津液过多散发，造成口干舌燥。

（12）铺凉席时少开空调，以免造成腹痛、腹泻。

（13）开机时可将空调设置到强力制冷模式，以最快达到降温目的，当温度适宜时，改中、低风，以减少能耗。

（14）高血压患者使用空调时，设定温度不能过低，从室外到室内温差过大会造成血管快速收缩，导致血压升高。

（15）开空调时拉上窗帘，空调的制冷效果会更好。

（16）每个月定期清洁空调过滤网和蒸发器，可有效防止病菌和螨虫滋生，改善空调卫生质量。

73. 空调省电十大窍门您都了解吗

空调是大功率电器，一个季度下来电费开销不低。如何让空调省电？学会了这十个小窍门，保证让您既省电又健康。

（1）设定空调的最佳温度

国标推荐家用空调夏季设置的温度为 26 ～ 27℃，空调每调高 1℃，可降低 7% ～ 10% 的用电负荷。

（2）空调匹数适应房间大小

空调的功率与房间大小相适应，这样既不会给空调造成太大的负荷，还能提高空调效率。

（3）选择适宜的出风角度

冷气流容易往下走，制冷时出风口向上，制冷效果好。而热气往上走，制热时出风口应该向下，制热效果好同时还节能。

（4）提前换气少开门窗

在使用空调之前先将房间的空气换好，空调使用过程中，需要尽量控制开门开窗。

（5）配合电扇、遮阳帘使用

电扇的吹动力将使室内冷空气循环加速，同时采用窗帘等遮阳,减少阳光辐射带来的室温影响,也可以减少空调制冷用电。

（6）使用睡眠功能模式

人体在睡眠时散发的热量减少,对温度变化不敏感。睡眠功能模式就是在人们入睡一定时间后,空调器会自动调高室内温度,可以起到20%的节电效果。

（7）勿给外机穿"雨衣"

空调室外机一般已有防水功能,给空调"穿雨衣"反而会影响散热,增加电耗。

（8）安装外机避开阳光

如果条件不允许,室外机只能装在向阳的一面,可在外机顶部装上遮阳篷。

（9）长时间外出提前十分钟关空调

十分钟之内,室温还足以使人感觉到凉爽。养成出门提前关空调的习惯,可以节省电能。

74. 变频空调真的省电吗

大多数人选择购买变频空调的原因都是变频空调比定频空调省电的优势,然而认为购买变频空调就省电,这是个错误的想法,关键还是看怎么用空调。

通过模拟家用空调的实际运行环境,在相同条件下对比研究相同制冷量定频和变频空调的节能特性。结果显示在相同条件下,定频空调能更快地达到设定温度,变频空调只有在长时间使用时才能体现出节能优势。

造成这种现象的原因是,变频空调在初始启动时压缩机处于高速运转状态,电量耗费较大。如果仅仅是短时间使用,难以发挥其节电优势,甚至出现比普通定频空调还耗电的情况。而当变频空调长时间使用时(一般超过5小时),由于其压缩机处于低速运转模式,节电的优势便体现出来了。

因此,变频空调更适用于长时间使用空调如偏好在夜间整晚开空调的人群,在这种情况下,变频空调的确比定频空调更加节电。但对于空调使用时间较短的人群,可以选择价格更便宜的定频空调。在选购时,消费者可以结合自身的使用习惯来衡量选择哪一种空调。

75. 变频空调为什么省电

在选购空调时,人们常说变频空调是省电的优选,可以比普通空调节电20%～30%,那么变频空调为什么省电呢? 原因有以下几点:

(1)变频空调配备了变频器,可以改变输入交流电的频率,在低速小电流下启动运转,启动时功率损耗较小。

(2)变频器能使压缩机电动机的转速变化达到连续的容量控制,当达到设定温度时,随即转为低速运转模式。空调不停机的运转模式,避免了压缩机频繁开停,使制冷回路的制冷剂压力变化引起的损耗减小,降低了压缩机因启动次数频繁而引起的电耗。

（3）变频空调压缩机处于低频、低转速、轻负载状态的时间较长,在这种模式下,压缩机的制冷量会变得较小,在室内换热器与室外换热器热交换面积固定的情况下,室内吸热（或放热）效率和室外散热（或吸热）效率会大大提升。

（4）变频空调配备了电子膨胀阀,电子膨胀阀可根据压缩机温度传感器对温度的感应控制阀门开启与关闭,压缩机的转数根据开启程度的不同做出相应的变化,使得压缩机的输送量与通过膨胀阀的制冷剂供液量相适应,使空调维持在高效状态下,达到省电目的。

76. 空调模式有几种，各有什么作用

空调功能模式选择一般都是通过遥控器操纵。在遥控器上,不同的模式用不同的图标表示,如太阳图标表示制热模式,雪花图标表示制冷模式,循环状的图标表示自动模式等。下面就对常用的模式为您一一介绍。

制热模式和制冷模式都属于空调的基本模式。通常秋冬季天气比较冷的时候选择制热模式,夏季气温偏高时使用制冷模式,可将室内的温度维持在人体舒

适的范畴。

睡眠模式,顾名思义,主要是晚上睡觉时使用。睡眠模式一方面可以减小环境温度与设置温度的差值,起到省电的作用;另一方面可以根据卧室温度自动地升高降低,以保持卧室温度一直处在最适宜的环境。人体在熟睡的时候,机体免疫力会有所下降,如果空调温度太低的话很容易着凉感冒。所以在睡觉时,空调开睡眠模式最好,睡眠模式下空调会隔一段时间升高一些温度,这样即使是后半夜开了空调人们也不会觉得冷。

除湿模式,就是空调通过冷凝空气中的水蒸气,起到除湿作用的模式。一般情况下,人体在湿度为40%～65%的空气环境中最为舒适。湿度高于70%,人体舒适度就会下降。除湿正是利用调节湿度让人体感受到舒适,达到降温的目的。此外,使用空调除湿功能时,房间空气被室内机的风机吸入并通过蒸发器时,空气中的水分被冷凝成水排掉。空气相对湿度由除湿前的70%以上降到50%左右,让人觉得干爽舒适。

自动模式适用于一年四季。自动模式下空调会根据室内外的温度自动进行制热、制热吹风等,非常智能方便。缺点是自动模式不能调节温度,所以有些特别情况可能不适合使用自动模式。

77. 桑拿天空调开除湿还是制冷，您选对了吗

天气热时，人体容易出汗，而干燥的空气能很快地将汗液吸收，我们就会觉得很凉爽。空调的除湿模式和制冷模式都有降低室内温度的作用，那么该如何选择呢？

本质上空调除湿和空调制冷都是一样的，只是控制逻辑的区别。简单地说，制冷是连续工作至设定的温度，需要快速降温到设定温度，降温同时也在连续抽湿。而除湿则可理解为间断制冷，风速为低速，使空气中水分更容易附着在空调机蒸发器上达到除湿的目的，但降温不明显。当房间内又热又潮湿时选制冷，不太热湿度大时除湿更适合。

与制冷模式相比，除湿模式还有一个好处，就是对身体好。很多人为让房间快速降温，一般会将温度调得很低，这样吹出的冷风就很强劲，长期在这样的环境下，容易引起感冒、头晕、关节疼痛、肠胃易受凉等身体不适的情况。而除湿的温度和风速是不可以调高或者调低的。空调会按照自动设置的低温度和低风速以除湿模式运行，实现去除空气中水蒸气的目的。这样吹出的冷风比较柔和，对人体的伤害会降到最低。同时，除湿模式主要是通过降低空气湿度，带走人体热量，使人们感觉更凉快，实际室内外温差并不大，不会给人的身体带来很大负担。因此，除湿模式相对于制冷模式

健康许多。

然而,除湿模式虽然更加凉快,但不适合长时间使用。除湿模式下,压缩机会频繁地启动停止,而且在启动的时候,会产生较大的瞬间负荷,使得耗电量增加,同时可能会缩减空调压缩机使用寿命。因此,使用除湿模式把湿度降下来后,即可调至制冷模式。

78. 您知道如何巧用空调的睡眠模式吗

科学研究表明,人的一生大约有 1/3 的时间是在睡眠中度过的。睡眠质量的好坏,与睡眠环境关系密切。巧用空调的睡眠模式,也能给您带来舒适的睡眠环境。

空调在制冷的状态下选用睡眠模式后,当室内温度达到设定温度或者已经运转一段时间,设定温度将自动升高 1℃,再运转一段时间后再升高 1℃。当运转总时间达 8 小时后将停止运转,在 8 小时内一共升高 2℃,这个功能在提高睡眠舒适感的同时,也可以减少环境温度与设定温度的差值达到省电目的。

睡眠前后空调要这样使用:睡眠前,可将空调风速调整得大一些,使空调进入强力运行,同时调节室内房间的温度均匀,迅速达到或接近设定温度。在入睡前,再将空调设定为睡眠模式,此时,空调的运行工作频率和风速都明显降低,空调进入安静舒适节能的状态运行。入睡后,空调的温差控制波动较小,运行的声音也明显减小,入睡后的感觉也特别舒适。睡眠模式同时还会将风速自动调到最小,防止大风量导致感冒。

为了您的健康同时还应注意:①空调制冷时空气会干燥,注意放一点水在床边;②温度不要太低,人睡着后免疫力会下降,人体舒适温度应为 18~28℃,所以空调温度设定在 26~28℃就好,最好定时关机;③不要睡在空调下面,因为室内空间密闭,在空气循环的时候,细菌、灰尘会对身体健康造成影响;④风量不要太大,中等强度就好。

79. 在冬天,使用车载空调时您该注意什么

天气比较寒冷时,大多数司乘人员会打开车载空调制热系统,提高车内温度,达到温暖、舒适的效果。冬天使用车载空调制热与夏天使用空调制冷有很大不同,常常带来很多问题,如"温度上升慢""耗电量增加""感到不舒服、容易口干舌燥"等现象。因此,了解冬季车载空调的使用和维护是十分必要的。车载空调和家用空调有相似但不同,车载空调制热过程与压缩机无关,热源并非源于空调本身,而是来自汽车散热水箱,并进入热交换器,鼓风机吹动热交换器使之增加温度。

天气寒冷时,驾乘人员习惯在车辆刚启动时就直接开空调暖风。这种操作会制约发动机取暖,不仅不能迅速升高温度,还会增加发动机负荷。在冬天,发动

机属于冷启动,水箱温度极低。这种情况下,应该进行暖机,在冷却液温度回升至表盘中间时,再打开暖风,等待 2～3 分钟时间,设定内循环,此时车内温度会迅速升高。

在空气湿度大的条件下,汽车内外温差较大,因此会形成雾气。司乘人员可以进行暖风除雾,将空调调至暖风处,将风向调整至玻璃出风口,如此一来,暖风直接吹向挡风玻璃,1～2 分钟后就能够吹干湿气。

在冬天,空气本身就非常干燥,使用空调制热后,车内会尤为干燥。同时,干燥的空气很容易产生静电。当车内空调暖气打开时,先不要将出风口对准人吹,否则会引起口干舌燥。同时,车内可以使用车载保湿机,增加车内的湿度。

(三)呼吸道疾病流行期间空调通风系统使用

80. 全空气空调系统应如何运行管理

(1)开启前准备

1)应掌握新风来源和供风范围等。当空调通风系统的类型、供风范围等情况不清楚时,应暂时关闭空调系统。

2)应检查过滤器、表冷器、加热(湿)器等设备是否正常运行,风管内表面是否清洁。应对开放式冷却塔、空气处理机组等设备和部件进行清洗、消毒或更换。应对风管内表面和送风卫生质量进行检测,合格后方可运行。

3)应保持新风口及其周围环境清洁,新风不被污染。

4)应对新风口和排风口的短路问题或偶发气象条件下的短路隐患进行排查。如短期内无法进行物理位置整改,应关闭空调通风系统。

5)寒冷地区冬季开启新风系统之前,应确保机组的防冻保护功能安全可靠。

(2)运行中的管理与维护

1)低风险地区应以最大新风量运行,并尽量关小回风;中、高风险地区应关闭回风,如在回风口(管路)或空调箱使用中、高效及以上级别过滤装置,或安装有效的消毒装置,可关小回风。

2)人员密集的场所使用空调通风系统时,应加强室内空气流动;应开窗、开门或开启换风扇等换气装置,或者在空调每运行2~3小时后自然通风20~30分钟。

3)对人员流动较大的商场、写字楼等场所应加强通风换气;每天营业开始前或结束后,空调通风系统新风与排风系统应提前运行或延迟关闭1小时。

4)应加强对空气处理机组和冷凝水的卫生管理。

5)应每周对运行的空调通风系统的过滤器、风口、空气处理机组、表冷器、加热(湿)器、冷凝水盘等设备和部件进行清洗、消毒或更换。

6)应每周检查空气处理装置、卫生间地漏以及空调机组凝结水排水管等的 U 形管水封,缺水时及时补水。

81. 风机盘管加新风系统应该如何运行

(1)开启前准备

1)应暂时关闭空调类型、新风来源或供风范围等不清楚的空调通风系统。

2)应检查过滤器、表冷器、加热(湿)器、风机盘管等设备是否正常运行。应对开放式冷却塔、空气处理机组、冷凝水盘等设备和部件进行清洗、消毒或更换。应对风管内表面和送风卫生质量进行检测,合格后方可运行。

3)应保证新风直接取自室外,禁止从机房、楼道和天棚吊顶内取风。应保证新风口及其周围环境清洁,新风不被污染。

4)新风系统应在场所启用前 1 小时开启。

5)应对新风口和排风口的短路问题或偶发气象条件下的短路隐患进行排查。如短期内无法进行物理位置整改,应关闭空调通风系统。

6)应保证排风系统正常运行。

7)对进深 ≥ 14m 的房间,应采取措施保证内部区域的通风换气;如新风量不足,低于 30 $m^3/(h·人)$ 国家标准要求,应降低人员密度。

8)寒冷地区冬季开启新风系统之前,应确保机组的防冻保护功能安全可靠。

（2）运行中的管理与维护

1)应加强人员流动较大的公共场所的通风换气；每天营业开始前或结束后,应提前开启或推迟关闭空调系统1小时。

2)应增加人员密集办公场所的通风换气频次,在空调通风系统使用时,应开窗、开门或开启换风扇等换气装置,或者空调每运行2～3小时后自然通风20～30分钟。

3)应加强对空调通风系统冷凝水和冷却水等的卫生管理。

4)应每周对运行的空调通风系统冷却塔、空气处理机组、送风口、冷凝水盘等设备和部件进行清洗、消毒或更换。

5)应每周检查下水管道、空气处理装置、卫生间地漏等U形管的水封,及时补水,防止不同楼层空气掺混。

82. 分体式空调应该如何使用

（1）开启前准备

用清水清洗空调室内机过滤网,有条件时应对空调散热器进行清洗消毒。

（2）运行中的管理与维护

1)每日使用分体式空调前,应先打开门窗通风

20～30分钟,再开启空调,调至最大风量运行至少5分钟后关闭门窗;分体式空调关机后,打开门窗通风换气。

2)长时间使用分体式空调、人员密集的办公场所,空调每运行2～3小时后应通风换气20～30分钟。

83. 无新风的风机盘管系统或多联机系统应该如何使用

（1）开启前准备

应核查无新风风机盘管系统或多联机系统的每个独立温控空间,其送、回风是否具有封闭的风管与表冷器连接,避免从连通吊顶内取回风。

（2）运行中的管理与维护

1)每日使用前,应先打开门窗通风20～30分钟,再开启空调,调至最大风量运行至少5分钟后关闭门窗;关机后,打开门窗通风换气。

2)空调每运行2～3小时后应通风换气20～30分钟。

84. 空调通风日常检查与卫生监测应该注意哪些事项

（1）日常检查

1)收集空调通风系统基本情况,包括空调通风系统类型;供风区域、设计参数;冷却塔数量、消毒方式等。

2）检查卫生管理制度和卫生管理档案完整性。

3）新风口是否设置防护网和初效过滤器，是否远离建筑物的排风口、开放式冷却塔和其他污染源。

4）送风口和回风口是否设置防鼠装置，并定期清洗，保持风口表面清洁。

5）机组是否有应急关闭回风和新风的装置、控制空调系统分区域运行的装置等，并且能够正常运行。空气处理机组、送风管、回风管、新风管、过滤网、过滤器、净化器、风口、表冷器、加热（湿）器、冷凝水盘等是否按要求清洗并保持洁净。

6）空气处理机房内是否清洁、干燥，是否存放无关物品。

7）空调系统冷却水、冷凝水、新风量、送风、风管内表面等卫生质量检测报告。

（2）卫生监测

1）公共场所空调通风系统的卫生监测指标和结果判定应符合《公共场所集中空调通风系统卫生规范》（WS 394—2012）的要求，办公场所空调通风系统卫生监测指标和结果判定参照上述标准执行。

2）公共场所空调通风系统的卫生检验方法应符合《公共场所卫生检验方法 第 5 部分：集中空调通风系统》（GB/T 18204.5—2013）的要求，办公场所空调通风系统卫生检验方法参照上述标准执行。

85. 夏季开启车载空调，为何会有异味

在夏季，刚刚打开车载空调，会吹出有异味的风，过一会儿就没有异味了。这是怎么回事呢？

夏季气温高，只能用空调来降低车内温度，但我们到达目的地时往往就直接熄火或直接把风量调节关闭，但这样的动作也给我们的身体带来潜在的危害。直接关空调会让存留在空调管道中的剩余冷气不能完整地释放。由于外界环境温度比较高，这样就会与冷气相遇产生水滴留在管道中，正是这些水滴给空气中的霉菌创造了非常好的生长温床，这就是为什么在使用完一段时间空调之后再打开空调会从出风口吹出有异味的风，这些带有异味的风对一些过敏体质的人有比较大的伤害，因为吹出来的风存在霉菌，会让这部分人产生过敏反应。那应该怎么做呢？

（1）先放热气再开空调

若车在烈日下停放时间较长，车辆启动后不要立刻使用空调。先把所有车窗都打开，启动外循环，把热气排出去，等车厢内温度下降后，再关闭车窗，开启空调。不应频繁开启和关闭空调，以防损坏空调系统。

（2）车内开空调时，司机不要在车内吸烟。若吸烟，请将空调的通风控制调到"外循环"位置。

（3）在空气进气口附近不能堆放物品，以防进气口被堵，致使空调系统空气流通受阻。

（4）经常清洁出风口和驾驶室内的灰尘与污垢。这不仅有助于汽车的美观，而且对驾驶员和乘客的身体健康是有益的。

（5）停车后使用空调时间不能过长

有的车主为凉快，关紧车门窗，打开空调在车里休息，这样极易导致车内一氧化碳浓度升高而中毒。

（6）在到达目的地（停车）之前几分钟关掉冷气，稍后开启自然风，在停车前使空调管道内的温度回升，消除与外界的温差，从而保持空调系统的相对干燥，避免因潮湿造成大量霉菌繁殖。

（7）低速行驶时尽量不使用空调

行车中遇到交通堵塞时，不要为提高空调效能而使发动机以较高转速运转，这样做对发动机和空调压缩机的使用寿命都有不利影响。

（8）不要先熄火再关空调

有的车主常常在熄火之后才想起关闭空调，这对发动机是有损害的，因为这样车辆下次启动时，发动机会带着空调的负荷启动，这样的高负荷会损伤发动机。因此，每次停车后应先关闭空调再熄火，而且也应该在车辆启动两三分钟、发动机得到润滑后，再打开空调。

四、空调清洗与消毒

86. 空调为什么会长"雀斑"

有时我们会在空调外壁上看到黑色"雀斑",那为何会有这些斑块呢?室内空气中的灰尘会随着空气流动附着在空调内的风叶挡板、滤网、蒸发器翅片、风管等处,随着空调运行,空气中的水蒸气遇到冷的蒸发器后就会凝结成水滴,空调内的湿度也逐渐加大,当空调停止运行后,空调内的水蒸气与灰尘中含有的霉菌孢子相结合,在22～35℃、湿度80%时最适合孢子生长,时间久了,霉菌孢子便快速生长,大量繁殖,形成我们肉眼看到的黑色"雀斑"。

空调长有霉菌会影响使用效果。如果使用的空调内附着有霉菌生长,随着空调的运行,霉菌孢子会飘散在空气中,时间久了可引起使用者抵抗力下降,出现恶心、乏力、头痛、过敏等症状,严重的还可导致哮喘及呼吸系统疾病。

87. 空调会携带螨虫吗

迄今为止已发现上万种螨虫,室内空气中悬浮的灰尘里含有各种微生物、花粉、螨虫等,这些成分附着于空调过滤网、蒸发器翅片、通风管内,随着空调的运行飞散到室内,危害使用者身体健康。

螨虫以人或动物的皮屑、食屑、毛发等为食物,在 20～25℃、相对湿度 60%～80% 的环境下,快速生长。螨虫本身不是过敏原,但其排泄物及其残骸等会引起人体过敏性支气管哮喘、皮疹、过敏性鼻炎、湿疹和慢性荨麻疹等。如果感觉鼻子、脸有轻微的瘙痒,毛孔变大,同时毛囊出现黑色小点,皮肤也更容易出油,局部炎症,慢慢发展为"青春痘、痤疮、酒糟鼻"等,那就是螨虫在捣乱,一定要尽快就医,正确治疗,同时对空调进行彻底清理消毒。

88. 如何让空调恢复健康

空调使用一段时间后内部的滤网、蒸发器翅片和通风管道等处会附着灰尘、病菌、螨虫等,那么我们该如何处理呢? 首先可以打开空调面板,使用空调清洗剂对滤网、风扇挡板、蒸发器翅片等进行消毒清洁,等待 15～30 分钟后再打开空调制冷模式运行,这时灰尘和细菌、真菌等会随着清洗剂一同通过排水管排出。注意滤网清理干净后要放在阴凉处风干,不要在太阳下暴晒,滤网多为塑料质地,高温会对其有损害。清洗的时候也不要用刷子使劲刷,否则容易破损,最好用水直接冲净。

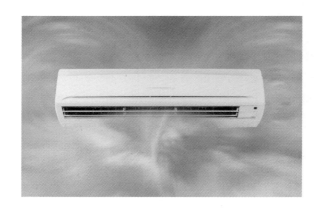

89. 空调上长有霉菌或散发霉味该如何处理

若发现空调上长有霉斑或空调出风有异味,可用75% 乙醇或有效氯 500mg/L 的含氯消毒剂或 250mg/L 的二氧化氯消毒剂,擦拭可见霉斑的部位,擦拭不到的地方可喷洒,消毒剂作用 15～30 分钟。清理时应佩戴一次性医用外科口罩,避免吸入霉菌的孢子。摘下长有霉菌的过滤网时不要抖动,避免霉菌孢子扩散至空气中。打开制冷模式,霉菌会随着消毒剂通过排水管排出。

每年换季的时节,空调首次开机前都应该进行彻底清洁与消毒,但是在空调使用频繁月份如夏季,应每月清理一次室内机,冲洗滤网,擦拭空调挡板及散热片。换季停用时,使用空调清洗剂彻底清理消毒一次。长时间不用,开机使用前应用干净的湿毛巾擦拭空调内灰尘,有条件者可请专业人员清洗室外机。

90. 如何能防止空调长霉菌

霉菌是真菌的一种,当真菌孢子附着在有营养源的地方后,在温度20～35℃、相对湿度70%～100%时就会大量生长繁殖,菌丝逐渐伸长,数日生长成熟,产生孢子,成熟的孢子又会释放出来污染空气。

想要防止霉菌的生长,在开启空调前应先开窗通风半小时,这样可以使屋内空气清新,空调使用2小时后应开窗通风15分钟。进来的新风能稀释空气中污染物浓度,提高室内空气的氧含量,从而改善空气品质。使用空调时温度不要设置过低,空调出风的温度与室温相差太大会使空调内金属部件出现冷凝水,为了避免霉菌生长,可提前关闭制冷,开启自然风挡吹5分钟,将附着的冷凝水吹干。平时还应保持室内卫生干净,有地毯的房间要保持室内干燥。

91. 车内空调为何会长霉菌

车内的空调在运行过程中,空调吹出冷风导致与车外出现温差,空调蒸发器上出现冷凝水;或车外空气湿度大时,空气中的水分进入风道内,与附着在蒸发箱及风管内壁的尘土相结合;还有一种情况是下雨天进入车内,脚垫受潮,车内环境长时间在22～35℃、相对湿度80%时,霉菌孢子便快速生长,大量繁殖,长出霉菌。

为了避免空调风管内和冷却器长霉菌,在使用制冷状态下,提前5分钟关闭制冷模式,开启自然风模式,利用自然风吹干风管和冷却器上的水蒸气,也可在停车后开启热风吹2分钟,烘干水气,同时应注意车内的整洁卫生,保持脚垫干燥,不让霉菌有生存空间。

92. 使用中央空调,哪些维护工作不可忽视

很多用户安装了中央空调后忽略正确使用和维护工作,甚至有人安装中央空调后就一直没清理过。不能够定期清洗的中央空调不仅是巨大的污染源损害人体健康,同时也是耗能大户。经过清洗的中央空调不但能够降低能耗,还可延长使用寿命。

由于中央空调盘根交错的构造设计,再加上安全僻静的天然优势,以及室外空气中各类悬浮颗粒物不能有效被中央空调过滤装置所阻隔的缺陷,微细灰尘易黏附在风道内壁上,空调系统中的风管积垢就成了有害细菌的滋生基地,对室内空气造成污染。因此,中央空调只有得到正确的维护和保养,才能最大限度地延长使用寿命,更好地为人们的生活服务。

(1)合理设定空调温度

温度过高或过低都不利于人体健康,而且会消耗过多的电能,同时不要随意改变温度设定和开、关空调器。

（2）调整出风口

合理地调整空调出风口使空调在实际运行过程中进行室内空气全面交换，达到最佳使用效果。

（3）定期除尘清洗

过滤网需经常清洗，每半月清洗一次比较适宜。不可用40℃以上热水清洗，不要用洗衣粉、洗洁精、汽油、香蕉水等清洗，以免滤网变形。清洗后可将过滤网上的水甩干，插入面板装好空调。

（4）防止空调受潮

潮湿不仅会降低机件的绝缘性能，而且会锈蚀零部件，造成机器故障。

（5）换季停用保护

换季停用应拔掉电源，把机器清洗干净，室外机最好罩上机罩。重新投入使用前应检查通风道是否堵塞，查看散热片积灰是否过多，周围有无影响通风的杂物。

（6）异常及时报修

家庭中央空调在使用过程中如果出现不正常情况应立即停机，请专业的售后人员上门检查维修，不要等到小问题引起大故障才想起售后服务。

（7）保护好制冷系统

若损坏了制冷系统的部件或连接管路，就会使制冷剂泄漏，空调器就不能制冷。

（8）留意空调的运行声音

当听到空调运行时有异常杂声，应立即关机检查原因,切不可盲目继续使用,以免出现更大的损坏。

93. 空调如何清洗消毒

经过一段时间的运转使用,空气中的灰尘、污垢、细菌等会积聚在空调的内部,造成病菌滋生,同时随着空调出风污染整个室内空气。人长期在这样的环境下生活,易出现头晕、乏力等"空调病",同时易导致免疫力下降,引起感冒、发热、过敏性鼻炎、哮喘、过敏性肺炎等呼吸道感染疾病,危害身体健康。在呼吸道传染病流行期间,更要注意各类室内设备的清洁,防止病毒、细菌的侵害。

定时清洁空调,可以清除污染、节能减耗、消毒杀菌、保障健康、延长空调寿命。

(1)断电并打开空调外盖

首先拔掉电源,避免触电风险;然后从空调两侧用力打开空调外盖。

(2)拆除并清洗过滤网

打开空调外盖会发现左右两侧各有两个过滤网,往上轻轻一提将滤网取下。将滤网放置在水龙头或花洒下,滴上专用清洗剂,用刷子清洗干净。洗干净后将滤网放置在阴凉通风处,自然晾干。

(3)拆除出风板

先拆中间卡位,再拆两边。

（4）清洁空调散热片

使用专门的空调清洗剂，将喷嘴放在距离散热片5～15cm处，进行喷洗，并静置15分钟，让清洗剂充分溶解污垢。

没有清洗剂的小伙伴，可以使用84消毒液和水，按照1∶9的比例（1瓶盖84消毒液，9瓶盖水）混合，从上到下喷洗散热片及出风口的风轮，然后用干净的毛巾将之擦干净。清洁完内部后，用软毛刷刷洗出风口。

清洁完成后，将滤网、外盖、出风板按顺序装好。用软毛巾清洁空调外盖。

（5）制冷通风

插上电源，打开制冷模式，内部污垢会随着冷凝水由管道排出，通风半小时即可。

空调消毒部位主要有四个：空调壳体表面、过滤网、散热片和出风口。使用喷壶将消毒液以雾状形态喷洒到外壳、滤网、散热片及出风口。此过程结束后，间隔半个小时，再进行一次消毒。注意：消毒后一定要再次清洗空调，对空气处理装置进行擦洗，防止消毒液残留在空调上通过送风对人体健康产生危害。

以上就是关于空调清洗消毒的重要性及清洁消毒的简单方法。防范病菌侵扰，消除污染隐患，为了干净清洁的环境，大家一起行动起来吧！

94. 疫情期间如何科学使用家用中央空调

很多家庭为了保障室内适宜温度而忽视家用中央空调系统的通风，从卫生防疫角度来讲，通风的优先级应高于室温保障，一定要在保障通风的情况下，实现室内温度需求。

与公共建筑相比，家用中央空调系统设计相对简单得多，各家庭之间并不互相影响。在住宅中没有确诊病例、疑似病例、密切接触者的情况下，家用中央空调可以正常运行，只是要注意多开窗通风以及进行必要的消毒。

如果家庭成员中有疑似病例及需要隔离观察的人员，建议被隔离者居住在有排风功能的房间，保证风是从其他房间流向该房间，最大限度减少家庭内部交叉感染的情况。

95. 疫情期间空调使用应急干预控制措施有哪些

（1）空调系统的停止使用

出现新冠肺炎确诊病例、疑似病例或无症状感染者时，应采取以下措施：

1）立即关停确诊病例、疑似病例或无症状感染者活动区域对应的空调通风系统。

2）在当地疾病预防控制机构的指导下，立即对上述区域内的空调通风系统进行消毒、清洗，经卫生学检验、评价合格后方可重新启用。

（2）空调系统的卫生学评价、清洗消毒

公共场所空调通风系统卫生学评价、清洗消毒应符合《公共场所集中空调通风系统卫生学评价规范》（WS/T 395—2012）和《公共场所集中空调通风系统清洗消毒规范》（WS/T 396—2012）的要求，办公场所空调通风系统卫生学评价、清洗消毒参照上述标准执行。

五、空调标准

96. 国内有哪些与空调相关的标准

（1）国家标准

1）《空调通风系统运行管理标准》（GB 50365—2019）

本标准适用于民用建筑集中管理的空调通风系统的常规运行管理，以及发生与空调通风系统相关的突发事件时的应急运行管理。

2）《公共场所卫生指标及限值要求》（GB 37488—2019）

规定了公共场所集中空调通风系统冷却水、冷凝水、空调送风、空调风管各项卫生指标及其限值。

3）《公共场所卫生检验方法　第5部分：集中空调通风系统》（GB/T 18204.5—2013）

规定了公共场所集中空调通风系统冷却水、冷凝水、空调送风、空调风管以及空调净化消毒装置各项卫生指标的测定方法。适用于公共场所集中空调通风系统的测定，其他场所、居室等使用的集中空调通风系统可参照执行。

（2）行业标准

1)《公共场所集中空调通风系统卫生规范》(WS 394—2012)

本标准规定了公共场所集中空调通风系统的设计、质量、检验和管理等卫生要求。适用于公共场所使用的集中空调通风系统,其他场所集中空调系统可参照执行。

2)《公共场所集中空调通风系统卫生学评价规范》(WS/T 395—2012)

本标准规定了新建、改建、扩建的公共场所集中空调通风系统的设计和竣工验收卫生学评价的技术要求。适用于已投入运行的公共场所使用的集中空调通风系统,其他场所集中空调系统可参照执行。

3)《公共场所集中空调通风系统清洗消毒规范》(WS/T 396—2012)

本标准规定了集中空调系统各主要设备、部件的清洗与消毒方法、清洗过程以及专业清洗机构、专用清洗消毒设备的技术要求和专用清洗消毒设备的检验方法。适用于公共场所使用的集中空调系统的清洗与消毒,其他场所集中空调系统的清洗与消毒可参照执行。

4)《新冠肺炎疫情期间办公场所和公共场所空调通风系统运行管理卫生规范》(WS 696—2020)

本标准规定了新冠肺炎疫情期间空调通风系统的卫生质量要求、运行管理要求以及日常检查与监测要求。适用于新冠肺炎疫情期间办公场所和公共场所空调通风系统的卫生管理,其他传染病流行期间可参照执行。

97. 国外有哪些与空调相关的标准

（1）美国标准

对办公场所和公共场所的集中空调通风系统,各国从运行管理、清洁、消毒、评价等多方面制定了相应的法律、法规和标准。早在 1973 年,美国采暖、制冷与空调工程师学会就制定了自然和机械通风标准,详细规定了多数建筑物最小和推荐的通风标准。美国的 *Ventilation for acceptable indoor air quality*,即《可接受的室内空气质量通风标准》(ANSI/ASHRAE 62.1—2019),在其 2004 年版和 2016 年版的基础上修订而成。该标准对新风口吸取新风位置、新风口与排风口位置关系、冷却塔杀菌除藻装置、化学制剂定期清洗和检查提出要求。标准还规定风机盘管应设置密封装置,进入通风系统水纯度应达到或超过饮用水标准,加湿水中除可以含有饮用水系统中规定化学药品成分,不得包含其他化学添加剂。此之,标准还规定集中空调通风系统应提供检查门或其他进入方式,风管清洗或积尘残留量不大于 0.75mg/cm^3。

美国风管清洁协会则为空调通风系统制定了评估、清洗和维修的国际标准(ACR—2002)。该标准规定了全新空调系统和现有空调系统的最低性能要求、空调系统部件的清洁及其必要性,旨在降低与职业相关的危害以及室内环境的交叉污染等。

(2)德国

德国工程师协会制定了 *Ventilation and indoor quality hygiene requirements for ventilation and air-conditioning system and units*,即《通风和空调系统以及空气处理机组的卫生要求》(VDI 6022-1—2006)。该标准对冷凝水中的细菌总数提出了具体要求,还要求盘管表面不能有霉菌生长的痕迹。同时,加湿器用水应符合饮用水条例中微生物学标准。集中空调通风系统应根据通风系统的要求在一定位置设置一定数量的检查孔,以方便对其进行定期检查、清洗、消毒和维修。

(3)英国

英国于 2012 年颁布了欧洲标准 *Ventilation for buildings–ductwork–cleanliness of ventilation systems*,即《通风系统的清洁:建筑通风和风管系统》(UNE-EN 15780—2012)。该标准适用于全新和已有的空调通风系统,规定了空调通风系统的卫生评价标准、清洁流程以及清洁效果的评价。

(4)澳大利亚和新西兰

澳大利亚和新西兰通风和空调联合技术委员会于 2011 年颁布了 *Air-handling and water systems of buildings-Microbial control*,即《建筑物空气处理和水

系统中的微生物控制》(AS/NZS 3666—2011),该标准从控制微生物的目的出发,规定了建筑物空气处理和水系统的设计、安装和试运行的最低要求。但该标准不包括对冷藏室空调和非导流式分体式空调系统的要求。该委员会于 2017 年修订了 *The use of ventilation and air conditioning in buildings*,即《建筑空调通风系统的使用》(AS/NZS 1668—2017),该标准的第二部分为 Ventilation design for indoor air contaminant control,即室内空气污染控制的通风设计,规定了自然通风系统和机械空气处理系统的设计要求。标准规定了通风的最低要求,但不包括其他与舒适性相关的要求,如温度、湿度、空气流动或噪声等,也不包括对通风和空气处理系统的维护要求。